W0057615

Untersuchung der Rußanlagerung auf einem resistiven Partikelsensor

Dissertation

zur Erlangung des akademischen Grades
Doktoringenieur (Dr.-Ing.)

vorgelegt dem

Zentrum für Ingenieurwissenschaften

der Martin-Luther-Universität Halle-Wittenberg

als organisatorische Grundeinheit für Forschung und Lehre im Range einer Fakultät

(§ 75 Abs. 1 HSG LSA, § 1 Abs. 1 Grundordnung)

von

Dipl.-Ing. Gerd Teike

geb. am 20.08.1976 in Stuttgart

Gutachter

1. Prof. Dr.-Ing. M. Sommerfeld
2. Prof. Dr.-Ing. E. Kruis

Schwieberdingen, 19. April 2011

Bibliografische Information der Deutschen Nationalbibliothek

Die Deutsche Nationalbibliothek verzeichnet diese Publikation in der Deutschen Nationalbibliografie;
detaillierte bibliografische Daten sind im Internet über
http://dnb.d-nb.de abrufbar.

ISBN 978-3-86853-915-8

© Verlag Dr. Hut, München 2011
Sternstr. 18, 80538 München
Tel.: 089/66060798
www.dr.hut-verlag.de

Die Informationen in diesem Buch wurden mit großer Sorgfalt erarbeitet. Dennoch können Fehler nicht vollständig ausgeschlossen
werden. Verlag, Autoren und ggf. Übersetzer übernehmen keine juristische Verantwortung oder irgendeine Haftung für eventuell
verbliebene fehlerhafte Angaben und deren Folgen.

Alle Rechte, auch die des auszugsweisen Nachdrucks, der Vervielfältigung und Verbreitung in besonderen Verfahren wie
fotomechanischer Nachdruck, Fotokopie, Mikrokopie, elektronische Datenaufzeichnung einschließlich Speicherung und
Übertragung auf weitere Datenträger sowie Übersetzung in andere Sprachen, behält sich der Autor vor.

1. Auflage 2011

Vorwort

Die vorliegende Arbeit entstand während meiner Tätigkeit als wissenschaftlicher Mitarbeiter bei der Robert Bosch GmbH in Gerlingen im Fachbereich Strömungstechnik des Zentralbereichs Forschung und Vorausentwicklung und am Lehrstuhl für Mechanische Verfahrenstechnik der Martin-Luther-Universität Halle-Wittenberg.

Mein besonderer Dank gilt Herrn Prof. Dr. M. Sommerfeld für die gute und kooperative Betreuung und wissenschaftliche Förderung meiner Arbeit und seine fachliche Unterstützung.

Bei Herrn Prof. Dr. E. Kruis möchte ich mich für die Übernahme des Korreferats und dem meiner Arbeit entgegengebrachtem Interesse bedanken.

Herr Dr. Burkhard Michaelis war während meiner Doktorandenzeit bei der Robert Bosch GmbH mein zentraler Ansprechpartner. Für die fachliche Betreuung der Arbeit und die stete Bereitschaft zu einem ergiebigen und umfangreichen Gedankenaustausch möchte ich ihm danken.

Bei Herrn Dr. Björn Janetzky und den Leitern des Forschungsprojekts „Partikelsensor", Herrn Dr. Hendrik Schittenhelm und Herrn Dr. Johannes Grabis, möchte ich mich für die Unterstützung und ihre vielzähligen Anregungen danken.

Meinem Doktorandenkollegen Herrn Dr. Helmut Schomburg danke ich für die kooperative und freundschaftliche Zusammenarbeit und die äußerst wertvollen fachlichen Diskussionen, die einen wesentlichen Beitrag zum Gelingen dieser Arbeit lieferten.

Für sein großes Engagement und die vielen kleinen Hilfestellungen beim Aufbau des experimentellen Prüfstands bedanke ich mich bei Herrn Helmut Marx.

Weiterhin möchte ich mich bei Herrn Prof. Athanasios G. Konstandopoulos bedanken, der mir die Möglichkeit gegeben hat, die Einrichtungen seines Instituts zu nutzen, um dort einen Großteil meiner experimentellen Messungen durchzuführen.

Für den kontinuierlichen Ansporn auch nach der eigentlichen Doktorandenzeit danke ich Markus Friedrich, Ronny Leonhardt, Oliver Schmidt und Mathias Weickert.

Nicht zuletzt möchte ich mich ausdrücklich bei meiner Familie und bei Maike für deren stete Unterstützung und Rückhalt in jeglicher Hinsicht bedanken.

Schwieberdingen, den 19. April 2011   Gerd Teike

Inhaltsverzeichnis

Abkürzungs- und Symbolverzeichnis

Lateinische Symbole

A_H	Hamaker-Konstante	J
A_{sens}	Sensitive Oberfläche	m²
$\mathbf{B}$	Magnetische Flussdichte	T
b	Anzahl der Raumrichtungen	−
b_{el}	Elektrodenbreite	m
b_{gap}	Elektrodenabstand	m
c	Ausbreitungsgeschwindigkeit	m/s
C_{cun}	Stokes-Cunningham-Faktor	−
c_{nI-}	Ionenkonzentration negativ geladener Ionen	−
c_{nI+}	Ionenkonzentration positiv geladener Ionen	−
$c_p^{(m)}$	Partikelmassenkonzentration	kg/m³
$c_p^{(v)}$	Volumenbezogene Partikelkonzentration	−
c_s	Schallgeschwindigkeit	m/s
c_w	Widerstandsbeiwert	−
$\mathbf{D}$	Elektrische Verschiebungsdichte	C/m²
$D_{\alpha\beta}$	Drucktensor	kg/ms²
D_p	Partikeldispersionskoeffizient	m²/s
d_p	Partikeldurchmesser	m
d_{p-o}	Abstand zwischen Partikel und Oberfläche	m
d_r	Rohrdurchmesser	m
$\mathbf{E}$	Elektrische Feldstärke	V/m
e	Elektrische Elementarladung	C
$\mathbf{e}_i$	Einheitsmatrix	−
$\mathbf{F}$	Kraft	N
f	Verteilungsfunktion	−
$f^{(0)}$	Gleichgewichtsverteilung	−
$\mathbf{F}_b$	Brownsche Kraft	N
$\mathbf{F}_{bild}$	Bildkraft	N
$\mathbf{F}_c$	Coulomb-Kraft	N
$\mathbf{F}_{dipol}$	Dipol-Kraft	N
$\mathbf{F}_g$	Gewichtskraft	N
f_i	Diskrete Verteilungsfunktion	−
$f_i^{(0)}$	Diskrete Gleichgewichtsverteilung	−
$f_i^{(1)}$	Diskreter Nichtgleichgewichtsanteil der Verteilungsfunktion	−

Lateinische Symbole

f_n	Elektrische Ladungsverteilung	–
$\mathbf{F}_{saff}$	Saffman-Kraft	N
$\mathbf{F}_{vdw}$	Van der Waals Kraft	N
$\mathbf{F}_w$	Widerstandskraft	N
$\mathbf{g}$	Gravitationsbeschleunigung	m^2/s
G	Elektrischer Leitwert	S
$\mathbf{H}$	Magnetische Feldstärke	A/m
h_{el}	Elektrodenhöhe	m
I	Elektrischer Stromfluss	A
$\mathbf{j}$	Elektrische Stromdichte	A/m^2
k	Anzahl diskreter Raumdimensionen	–
k_B	Boltzmann-Konstante	J/K
K_{col}	Anlagerungsparameter	–
K_{dep}	Depositionsparameter	–
L	Charakteristische Länge	m
L_d	Dendritlänge	m
L_y	Höhe des Strömungsfelds in y-Richtung	m
m_g	Gasmasse	kg
$\dot{M}_p$	Partikelmassenstrom	kg/s
m_p	Partikelmasse	kg
m_p^{nach}	Partikelmasse nach der Versuchsdurchführung	kg
m_p^{vor}	Partikelmasse vor der Versuchsdurchführung	kg
N	Partikelanzahl	–
n	Anzahl und Polarität der Elementarladungen	–
n	Exponent	–
p	Druck	Pa
Δp	Differenzdruck	Pa
$p(x)$	Lagrangesches Interpolationspolynom	–
Q	Kollisionsintegral	–
q_p	Anzahl und Polarität der Elementarladungen	–
R	Spezifische Gaskonstante	J/kgK
R	Spezifischer elektrischer Widerstand	Ω
T	Temperatur	K
t	Zeit	s
t_A	Auslösezeit des Sensors	s
Δt	Zeitschrittweite	s
T_g	Gastemperatur	K
t_M	Messzeit	s
ΔU	Spannungsdifferenz	V
ΔU_{min}	Minimale Spannungsdifferenz	V
U_H	Heizerspannung	V
$\mathbf{v}$	Geschwindigkeit	m/s

Lateinische Symbole

$\dot{V}_g$	Gasvolumenstrom	m^3/s
v_g	Gasgeschwindigkeit	m/s
v_p	Partikelgeschwindigkeit	m/s
$\mathbf{x}$	Ort	m
Δx	Ortsschrittweite	m
Z_e	Elektrische Mobilität eines Partikels	m^2/Vs
Z_{I-}	Ionenmobilität negativ geladener Ionen	m^2/Vs
Z_{I+}	Ionenmobilität positiv geladener Ionen	m^2/Vs

Griechische Symbole

α	Einbauwinkel des Partikelsensors	°
α	Verhältnis benachbarter Gitterschrittweiten	−
α_i	Wichtungsfaktor für die Einlassrandbedingung	−
ϵ_0	Dielektrizitätskonstante	As/Vm
ϵ_r	Relative Permittivität	−
ζ	Eigengeschwindigkeit der Teilchen	m/s
ζ	Zufallszahl	−
λ	Luftverhältnis im Motorabgas	−
λ_g	Mittlere freie Weglänge des Gases	m
λ_g	Spezifische Wärmeleitfähigkeit des Gases	W/mK
λ_p	Spezifische Wärmeleitfähigkeit des Partikels	W/mK
μ	Dynamische Viskosität	Pas
μ_g	Dynamische Viskosität des Gases	Pas
ν	Kinematische Viskosität	m^2/s
$\boldsymbol{\xi}$	Mikroskopische Geschwindigkeit	m/s
$\boldsymbol{\xi}_i$	Diskrete mikroskopische Geschwindigkeit	m/s
ρ	Dichte	kg/m^3
ρ_g	Gasdichte	kg/m^3
ρ_i	Raumladungsdichte	C/m^3
ρ_p	Partikeldichte	kg/m^3
σ	Wirkungsquerschnitt	m^2
σ_{fg}	Skalierungsfaktor vom feinen zum groben Gitterlevel	−
σ_{gf}	Skalierungsfaktor vom groben zum feinen Gitterlevel	−
τ	Relaxationszeit	s
ϕ	Elektrisches Potential	V
ψ_k	Kollisionsinvarianten	−
ω	Kollisionsfrequenz	s^{-1}
$d\Omega$	Differentieller Raumwinkel bei der Teilchenkollision	°
ω_i	Wichtungsfaktoren	−

Tiefgestellte Indizes

c	Center
e	Östlicher Nachbar
$fein$	Feines Diskretisierungslevel
g	Gasphase
$grob$	Grobes Diskretisierungslevel
n	Diskretisierungslevel
n	Nördlicher Nachbar
p	Partikel
RB	Randbedingung
RW	Reichweite
s	Substrat
s	Südlicher Nachbar
w	Westlicher Nachbar
x	x-Richtung
y	y-Richtung

Bezeichnungen und Abkürzungen

Al_2O_3	Aluminiumoxid
C_2H_2	Ethin
C_3H_8	Propan
CAST	Combustion Aerosol Standard
CFD	Computational Fluid Dynamics
CO_2	Kohlendioxid
CO	Kohlenmonoxid
CPC	Condensation Particle Counter
DOC	Diesel-Oxidationskatalysator
DPF	Diesel-Partikelfilter
H_2O	Wasser
HC	Kohlenwasserstoffe
HNCO	Isocyansäure
Kn	Knudsen-Zahl
Kr	Krypton
MNEFZ	Modifizierter neuer europäischer Fahrzyklus
N_2	Stickstoff
$(NH_2)_2CO$	Harnstoff
NH_3	Ammoniak
NO_2	Stickstoffdioxid
NO	Stickstoffmonoxid
NO_x	Stickoxide
O_2	Sauerstoff
OBD	On-Board-Diagnose
PAK	Polyzyklische Kohlenwasserstoffe

Bezeichnungen und Abkürzungen

Pe	Peclet-Zahl
Pkw	Personenkraftwagen
PM	Partikelmasse
Pt	Platin
REM	Rasterelektronenmikroskop
Re	Reynolds-Zahl
SCR	Selektive katalytische Reduktion
SiC	Siliziumcarbid
SMPS	Scanning Mobility Particle Sizer

1 Einleitung

1.1 Abgasnachbehandlung von Dieselfahrzeugen

Abgasemissionen von Dieselfahrzeugen stellen für den Menschen und seine Umwelt eine große Gefahr dar. Der Gesetzgeber fordert zur Reduktion der emittierten Schadstoffe kontinuierlich strengere Abgasgrenzwerte. Diese Grenzwerte können nur durch sehr aufwendige Maßnahmen in der außermotorischen Abgasnachbehandlung eingehalten werden.

1.1.1 Abgasemissionen und deren Gefahren für Mensch und Umwelt

Unvollständige Verbrennungsprozesse in Dieselmotoren liefern verschiedene unerwünschte Nebenprodukte. Bei der Oxidation von Dieselkraftstoff entstehen neben den gasförmigen Reaktionsprodukten einer vollständigen Verbrennung (CO_2 und H_2O) auch Kohlenmonoxid (CO), Stickoxide (NO_x) und Rußpartikel. Des Weiteren verlassen auch unverbrannte Kohlenwasserstoffe (HC) den motorischen Brennraum. Ohne zusätzliche außermotorische Maßnahmen im Abgasstrang würden diese Schadstoffe in die Umwelt emittiert werden.

Die einzelnen von Dieselmotoren emittierten Schadstoffe besitzen ein unterschiedlich stark ausgeprägtes Gefährdungspotential für den menschlichen Körper und die Umwelt ([49], [74]). Über diese Gefahren und deren Auswirkung wird im Folgenden ein kurzer Überblick gegeben.

Kohlenmonoxid gilt als starkes Atemgift, da es über die Lunge vom Blut aufgenommen werden kann. Aufgrund der im Vergleich zu Sauerstoff 200–300–fach höheren Affinität zu Hämoglobin kann es dort die Transportplätze des Sauerstoffs blockieren und dadurch zum Ersticken führen [27].

Stickoxide (NO und NO_2) zählen zu den Nervengiften und schädigen die Atmungsorgane. Weiterhin tragen sie zusammen mit Schwefeldioxid zum sauren Regen und den damit verbundenen Belastungen für die Umwelt bei. Darüber hinaus ist NO_x in der unteren Troposphäre ein Katalysator für die Bildung von Ozon und beschleunigt somit die Bildung des sogenannten Sommersmogs [74].

Rußpartikel, die in den gegenwärtigen Diskussionen in Politik und Gesellschaft auch häufig als Feinstaub bezeichnet werden, können aufgrund ihrer geringen Größe $10 - 500\,nm$ tief in die Lunge eindringen. Insbesondere der ultrafeine Bestandteil des Rußes kann sich an die Oberflächen von Zellen im Alveolarbereich der Lunge anlagern und dort Reizungen, Bronchitis oder auch Asthma auslösen [23]. Weiterhin können die Partikel in die Blutbahn aufgenommen werden, wodurch sie sich im ganzen Körper verteilen und ein nachgewiesen hohes karzinogenes Potential besitzen [55].

1.1.2 Abgasgesetzgebung

Aufgrund der oben beschriebenen Risiken für den menschlichen Organismus und die Umwelt durch Abgasemissionen werden seit vielen Jahren kontinuierlich strengere Abgasrichtlinien für Pkw formuliert.

Die ersten Abgasgrenzwerte für Pkw-Emissionen wurden in den 60er Jahren des 20. Jahrhunderts im US-amerikanischen Bundesstaat Kalifornien eingeführt. Seither gilt Kalifornien als Vorreiter in der Umweltpolitik zur Emissionsreduktion. Im Jahr 1992 wurde in Europa mit der Abgasnorm EURO 1 erstmals ein einheitlicher Grenzwert für Diesel-Pkw definiert (Tab. 1.1). In dieser Norm wurde zunächst die maximal zulässige Schadstoffmenge für CO, HC und Partikel festgelegt. Die Emissionsobergrenze wird dabei in Form der emittierten Schadstoffmasse pro gefahrenem Kilometer definiert. Aktuelle Grundlage für die Abgaszertifizierung in Europa ist der auf einem Rollenprüfstand durchgeführte *Modifizierte neue europäische Fahrzyklus* (MNEFZ). Der zeitliche Verlauf der Fahrgeschwindigkeit innerhalb dieses Fahrzyklus ist in Abb. 1.1 dargestellt [15]. In Deutschland wird dieser Test durch das Kraftfahrt-Bundesamt vorgenommen. Bei dieser Prüfung wird folgendermaßen vorgegangen. Zunächst werden bei einer Straßenfahrt die Fahrwiderstände des Fahrzeugs ermittelt, damit die Rollwiderstände auf dem Rollenprüfstand entsprechend angepasst werden können. Die eigentliche Prüfung beginnt direkt nach dem Kaltstart des Motors. Der Test, der insgesamt 1180 s dauert, gliedert sich in zwei Teile. Zunächst wird eine Stadtfahrt simuliert, bei der das Fahrzeug u. a. fünfmal auf eine Geschwindigkeit von 50 km/h beschleunigt und anschließend wieder abgebremst wird. Im zweiten Teil wird eine Überland- bzw. Autobahnfahrt wiedergegeben, bei der das Fahrzeug auf eine Maximalgeschwindigkeit von 120 km/h beschleunigt wird. Während des Tests wird ein dem Abgasvolumenstrom proportionaler Teilstrom entnommen, der in einen Sammelbeutel geführt und schließlich auf seine Bestandteile analysiert wird.

Norm	Euro 1	Euro 2	Euro 3	Euro 4	Euro 5	Euro 6
gültig ab	1992	1996	2000	2005	2009	2014
CO	3,16	1,0	0,64	0,5	0,5	0,5
HC + NO$_x$	1,13	0,7	0,56	0,3	0,23	0,17
NO$_x$	-	-	0,5	0,25	0,18	0,08
PM	0,18	0,08	0,05	0,025	0,005	0,005

Tabelle 1.1: Entwicklung der EU-Abgasgrenzwerte in g/km für Diesel-Pkw.

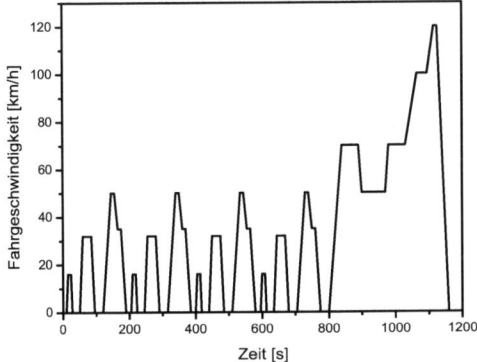

Abbildung 1.1: Zeitlicher Verlauf der Fahrgeschwindigkeit innerhalb des modifizierten neuen europäischen Fahrzyklus (MNEFZ) zur Ermittlung des Kraftstoffverbrauchs und der Abgasemissionen von Pkw.

1.1.3 Maßnahmen zur Reduktion der Abgasemissionen

Die vom Gesetzgeber vorgegebenen Grenzwerte für die Schadstoffemissionen von Pkw (Tab. 1.1) sind durch innermotorische Maßnahmen alleine nicht einzuhalten. Mit außermotorischen Maßnahmen im Abgasstrang können die Emissionen allerdings deutlich reduziert werden, so dass die Grenzwerte erfüllt werden. Der schematische Aufbau eines typischen Abgasstrangs in modernen Diesel-Pkw ist in Abb. 1.2 dargestellt. Die wesentlichen Komponenten moderner Abgasnachbehandlungssysteme sind ([21], [50]):

- ein Dieseloxidationskatalysator (DOC) zur Reduktion der Emissionen von Kohlenmonoxid (CO) und Kohlenwasserstoffen (C_mH_n),

- ein Dieselpartikelfilter (DPF) zur Senkung der emittierten Rußpartikelmenge,

- ein SCR-Katalysator (Selective Catalytic Reduction) inklusive Dosierstelle für eine Harnstoff-Wasser-Lösung zur Reduktion von Stickoxiden (NO_x)

- sowie verschiedene Sensoren (z. B. Temperatur-, Partikel- und NH_3-Sensoren) zur Überwachung und Steuerung der Funktion des Abgassystems.

1.2 Entstehung und Eigenschaften der Rußpartikel

In diesem Abschnitt wird der Entstehungsprozess von Ruß bei der unvollständigen Verbrennung von fossilen Brennstoffen wie z. B. Dieselkraftstoff betrachtet. Zahlreiche frühere

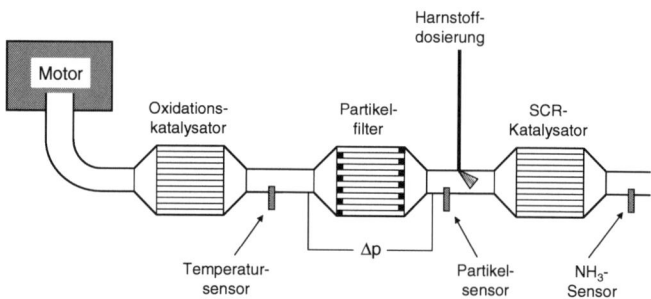

Abbildung 1.2: Vereinfachtes Schema einer typischen Abgasanlage mit den wesentlichen Komponenten für die Abgasreinigung bei Fahrzeugen mit Dieselmotoren.

Arbeiten ([4], [48], [76]) haben sich bereits ausführlich mit der Untersuchung der verschiedenen Prozessschritte auseinandergesetzt. Allerdings sind bislang noch nicht alle Teilschritte bei der Rußentstehung vollständig verstanden. Hier wird nur ein kurzer Überblick gegeben, der die wesentlichen Eckpunkte der Rußbildung kurz zusammenfasst. Abb. 1.3 gibt eine Übersicht über die wichtigsten Teilschritte der Prozesskette bei der Entstehung von Ruß nach der Modellvorstellung von Siegmann und Siegmann [67].

Während des Verdampfungsprozesses und dem Einsetzen der Oxidation des Kraftstoffs werden Teile der langkettigen Kohlenwasserstoffmoleküle in sauerstoffarmen Bereichen durch thermische Pyrolyse zu Ethin (C_2H_2) umgewandelt. Durch weitere Reaktionen und Umlagerungen bilden sich daraus aromatische Ringe. In nachfolgenden Synthesereaktionen schließen sich diese aromatischen Ringe zu den sogenannten polyzyklischen Kohlenwasserstoffen (PAK) zusammen, die zu einer graphitähnlichen Vorstufe der Rußpartikel werden. Durch weitere Koagulation und Oberflächenwachstum vergrößert sich das Volumen und es bilden sich die Primärpartikel mit einem charakteristischen Durchmesser zwischen 10 und 20 nm. Durch Agglomeration von Primärpartikeln bilden sich stark verzweigte dreidimensionale Rußpartikel. Eine REM-Aufnahme eines typischen Rußagglomerats aus dem Verbrennungsprozess ist in Abb. 1.4 dargestellt.

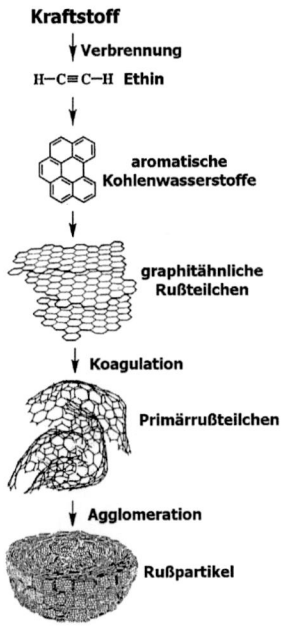

Abbildung 1.3: Schematische Darstellung der Bildung von Rußpartikeln nach der Modellvorstellung von Siegmann und Siegmann [67].

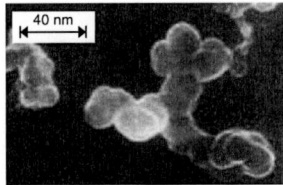

Abbildung 1.4: REM-Aufnahme der dreidimensionalen Agglomeratstruktur eines Rußpartikels [1].

1.3 Einsatz und Funktionsprinzip des Partikelsensors

Im Rahmen der gesetzlich geforderten On-Board-Diagnose muss die Funktion des Abgas-nachbehandlungssystems während des Fahrbetriebs kontinuierlich überwacht werden. Dem Partikelsensor, der im Mittelpunkt dieser Arbeit steht, kommt dabei eine zentrale Bedeutung zu. Im Abgasstrang eines Fahrzeugs wird er stromabwärts des Dieselpartikelfilters positioniert und analysiert kontinuierlich die aktuelle Rußkonzentration im Abgas. Wenn zu hohe Rußkonzentrationen, die z. B. auf einen Defekt des Rußfilters zurückzuführen sind, detektiert werden, wird der Fahrer über eine Kontrollleuchte aufgefordert, die Werkstatt aufzusuchen.

Abb. 1.5 zeigt den Partikelsensor mit der aufgeprägten kammförmigen Elektrodenstruktur. Um die Größenabmessungen des Sensors zu verdeutlichen, ist daneben eine Cent-Münze abgebildet. Die Funktionsweise des Partikelsensors basiert auf dem resistiven Messprinzip und stellt eine indirekte Messung der Rußkonzentration dar. An den Pt-Elektroden

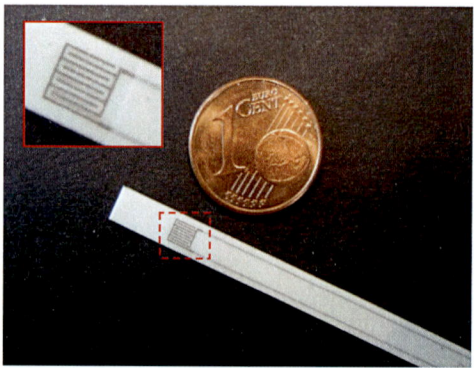

Abbildung 1.5: Bild des Partikelsensors mit der aufgeprägten kammförmigen Elektrodenstruktur.

auf der Oberfläche des Sensors wird eine elektrische Spannung angelegt, und die sensitive Elektrodenoberfläche wird vom rußbeladenen Abgas überströmt. Zum Schutz des keramischen Sensors vor Wassertropfen wird das Sensorelement in einem Schutzgehäuse, wie es bereits bei der Lambdasonde eingesetzt wird, eingebaut [36]. Gleichzeitig ist das Schutzgehäuse so konzipiert, dass nur ein repräsentativer Teilvolumenstrom des Abgases am Sensor vorbeigeführt wird. Im elektrischen Feld über den Sensorelektroden erfahren die elektrisch geladenen Rußpartikel Kräfte, die je nach Vorzeichen von Partikelladung und lokaler elektrischer Feldstärke zur Oberfläche hin bzw. von ihr weg gerichtet sind. Der Transport der Rußpartikel über den Sensor bzw. die Mechanismen, die eine Anlagerung des Rußes auf der Oberfläche bewirken, sind in Abb. 1.6 schematisch dargestellt. Neben der bereits angesprochen Elektrophorese wird das Transport- und Anlagerungsverhalten v. a. von Konvektion und Diffusion beeinflusst. Im unbeladenen Zustand des Sensors wird beim Anlegen einer elektrischen Spannung praktisch kein elektrischer Stromfluss zwischen den Elektroden gemessen. Wenn sich nun kontinuierlich elektrisch leitfähige Rußpartikel auf dem Sensor anlagern, nimmt der elektrische Stromfluss sukzessive zu, da der nichtleitfähige Zwischenraum zwischen den Elektroden unterschiedlicher Polarität von den Rußpartikeln „überbrückt" wird. Dieses sogenannte Sensorsignal muss schließlich ausgewertet werden, um aus der gemessenen zeitlichen Änderung des elektrischen Stroms auf die aktuelle Ruß-konzentration schließen zu können. Hierzu ist es unbedingt erforderlich, den Einfluss der Sensorbetriebsbedingungen, der Sensorgeometrie und den aktuellen Eigenschaften des Ab-gases (Abgasvolumenstrom und -temperatur sowie Partikelgrößenverteilung und elektrische Ladungsverteilung) auf die Sensordynamik quantifizieren zu können.

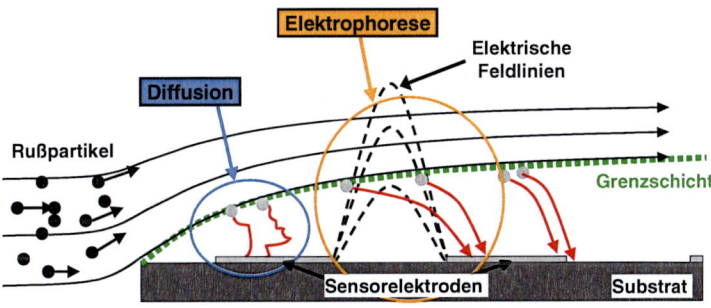

Abbildung 1.6: Schematische Darstellung des Transports und der Anlagerungsmechanis-men von Rußpartikeln auf der Sensoroberfläche.

1.4 Herausforderungen bei der Untersuchung der Rußanlagerung auf dem Partikelsensor

Um die unterschiedlichen Einflussfaktoren auf die Rußanlagerung auf dem Partikelsensor und deren Auswirkung auf die Sensordynamik zu untersuchen, ergeben sich zahlreiche

Herausforderungen. Die Herausforderungen, die sich aus experimenteller und numerischer Sicht innerhalb dieser Arbeit ergeben, sind im Folgenden zusammengefasst.

1.4.1 Experimentelle Untersuchungen

Eine der Herausforderungen bei der Konzeption und dem Aufbau des Prüfstands zur dynamischen Untersuchung des Partikelsensors liegt in der Bereitstellung von definierten Rand- und Betriebsbedingungen während der Rußbeladung des Sensors. Deswegen muss zunächst sichergestellt werden, dass von der Rußquelle ein Aerosol mit konstanten Eigenschaften unter isothermen Verhältnissen reproduzierbar geliefert wird. Diese Eigenschaften sollen außerdem weitgehend unabhängig voneinander variiert werden können. Dies betrifft v. a. die Partikelgrößenverteilung und -konzentration sowie den Gasvolumenstrom. Im realen Motorabgas variieren diese Größen je nach Motorbetriebspunkt stark voneinander und können insbesondere nicht unabhängig voneinander eingestellt werden.

Weiterhin muss gewährleistet sein, dass die Überströmung der sensitiven Elektrodenoberfläche reproduzierbar und unabhängig vom Gasvolumenstrom unter einem definierten Anströmwinkel erfolgt. Im Schutzrohr stellen sich in Abhängigkeit vom Gasvolumenstrom unterschiedliche Strömungszustände ein [36]. Dabei sind u. a. auch aufgrund des pulsierenden Abgasmassenstroms instationäre Strömungsphänomene zu beobachten.

Die hohe geometrische Komplexität der dendritischen Struktur angelagerter Rußpartikel sowie die nanoskalige Größenordnung einzelner Rußagglomerate stellt für die optische Analyse eine weitere Herausforderung dar.

1.4.2 Numerische Untersuchungen

Zur Quantifizierung der Wirkzusammenhänge, die das Transport- und Anlagerungsverhalten der Rußpartikel auf der Sensoroberfläche und deren Auswirkung auf die Sensordynamik beschreiben, soll die Sensorentwicklung zukünftig durch numerische Berechnungen unterstützt werden. Eine besondere Schwierigkeit bei der Modellierung ist, dass die wesentlichen Effekte auf unterschiedlichen Größen- und Zeitskalen auftreten. Die dabei relevanten Längenskalen variieren vom Durchmesser des Primärpartikels eines Rußagglomerats ($\mathcal{O}(10\,\mathrm{nm})$) über den Abstand zwischen zwei benachbarten Sensorelektroden ($\mathcal{O}(100\,\mathrm{\mu m})$) bis zum Durchmesser des Abgasrohrs ($\mathcal{O}(10-50\,\mathrm{mm})$). Bei mittleren Gasvolumenströmen befindet sich ein Rußagglomerat ca. 0,1 s im Einflussbereich der Sensorelektroden, wohingegen sich ein kompletter Beladungsvorgang des Sensors über ca. 20 min erstreckt. Dadurch wird ein Modellierungsansatz erforderlich, mit dem diese Skalen überbrückt werden können und gleichzeitig die Wirkung der maßgeblichen Effekte mit ausreichender Genauigkeit beschrieben werden kann.

Der Transport der Rußpartikel zum und deren Anlagerung auf dem Sensor werden durch das Strömungsfeld und das elektrische Feld um den Partikelsensor beeinflusst. Zur Beschreibung der Wechselwirkung der einzelnen Effekte ist ein gekoppelter Modellierungsansatz erforderlich. Dabei ist die Rückwirkung bereits deponierter Partikel auf die Gasströmung, das elektrische Feld und den weiteren Partikeltransport zu berücksichtigen. Da es sich bei den Berechnungsmethoden für die Strömung und das elektrische Feld um gitterbasierte Verfahren handelt, muss durch die kleinste Gitterzelle des Rechengitters der Bereich um die geometrisch kleinste relevante Längenskala aufgelöst werden. Dies entspricht in diesem Fall dem Bereich um die angelagerten Rußagglomerate. Da diese Bereiche zu Beginn einer Simulationsrechnung noch nicht bekannt sind, sondern erst das Ergebnis der Berechnung darstellen, ist hierfür der Einsatz eines nicht-äquidistanten adaptiven Rechengitters besonders geeignet.

1.5 Stand der Forschung

Im folgenden Abschnitt wird eine Zusammenfassung des aktuellen Wissenstands zur Untersuchung der Partikelanlagerung auf Oberflächen gegeben. Dabei stehen die numerischen Arbeiten, die sich mit der Simulation des Transports und des Anlagerungsverhaltens von Partikeln beschäftigen, im Vordergrund. Eine Vielzahl der wissenschaftlichen Arbeiten aus diesem Themenkomplex konzentriert sich auf die Untersuchung der Oberflächen- und Tiefenfiltration sowie die Analyse von Beschichtungsvorgängen unterschiedlicher Bauteile. Im Allgemeinen werden in den Arbeiten zwei grundsätzlich unterschiedliche Modellierungsansätze verfolgt. Die Arbeiten der ersten Kategorie beschäftigen sich mit dem sogenannten initialen Anlagerungsverhalten. D. h., und hier unterscheiden sich diese Ansätze grundlegend von den Modellen der zweiten Kategorie, es wird dabei sowohl der Aufbau von Partikelstrukturen sowie deren Rückwirkung auf das weitere Partikeltransport- und Anlagerungsverhalten vernachlässigt. Im folgenden Überblick gilt das Hauptaugenmerk v. a. den Simulationsansätzen der zweiten Kategorie.

1.5.1 Filtrationssimulationen

Filippova und Hänel stellen in [16] einen Lattice-Boltzmann basierten Ansatz zur Berechnung der Partikelabscheidung an einem Faserfilter vor. Dabei werden Partikel mit einem Durchmesser von 1,24 μm untersucht, wobei Diffusionseffekte durch Brownsche Bewegung keine Rolle spielen. In der Arbeit werden die Stärken der Lattice-Boltzmann-Methode zur Simulation von komplexen zeitlich veränderlichen Geometrien gezeigt. Zudem wird eine an die klassische Bounceback-Wandrandbedingung angelehnte Randbedingung zur Realisierung eines variablen Abstands zwischen dem wandnächsten Fluidknoten und der Wand vorgestellt. Damit wird eine auf dem Faserfilter aufwachsende Partikelstruktur berechnet und der Einfluss der Anpassung des Strömungsfelds an den jeweiligen Beladungszustand diskutiert.

Am Beispiel der partikelbeladenen Umströmung einer zylindrischen Einzelfaser untersuchen Karadimos und Ocone [32] die dendritische Partikelanlagerung auf der Faseroberfläche. Sie zeigen, dass die Anpassung des Strömungsfelds nach einer bestimmten Anzahl deponierter

Partikel großen Einfluss sowohl auf die Morphologie der Partikelstruktur als auch auf die Abscheidehäufigkeiten hat.

Przekop et al. [59] stellen einen zweidimensionalen Modellierungsansatz zur Beschreibung des dendritischen Partikelwachstums auf einer Einzelfaser vor. Der Ansatz beruht auf einem Lattice-Boltzmann-Modell zur Berechnung der Gasströmung. Die charakteristischen Pe-Zahlen, die das Verhältnis von konvektivem zu diffusivem Partikeltransport beschreiben, variieren zwischen 0,5 und 10. Die Ergebnisse zeigen, dass die fraktale Dimension und die Porosität der Anlagerungsstruktur mit zunehmender Pe-Zahl, d. h. in Strömungsbereichen mit geringerem Diffusionseinfluss, abnimmt.

In einer nachfolgenden Arbeit untersuchen Przekop et al. [58] die Anlagerung elektrisch geladener Partikel mit einem Durchmesser von 0,01 bis 10 μm. Im Gegensatz zu der zuvor diskutierten Arbeit wurde hier das Strömungsfeld analytisch mittels dem Kuwabara-Happel-Modell ([22], [40]) berechnet und während des Anlagerungsprozess konstant gehalten. Das Modell berücksichtigt ein mögliches Ablösen bereits angelagerter Partikel von der Oberfläche nach einem Ansatz von Reeks et al. [61] und Ziskind et al. [82]. Die Analyse der berechneten Anlagerungsstruktur ergibt, dass bei Berücksichtigung der Ablösung bzw. Umlagerung deponierter Partikel die fraktale Dimension der Struktur bei einem gleichzeitigen Rückgang der Porosität zunimmt.

2008 erweitern Przekop et al. [57] das in [59] vorgestellte Modell zur Berechnung des Anlagerungs- und Filtrationsverhalten von Nanopartikeln. Dabei berücksichtigen sie den Übergang vom Kontinuums- in den Nicht-Kontinuumsbereich mit ansteigenden Kn-Zahlen. Damit können sie zeigen, dass mit zunehmender Kn-Zahl die Abscheideraten an einer Nanofaser deutlich zunehmen.

Oh et al. [52] untersuchen das Anlagerungsverhalten submikroner Partikel auf einer elektrisch geladenen zylindrischen Faser. Dabei wird mit einem zwei- und dreidimensionalen Modellierungsansatz die Strukturbildung auf der Oberfläche analysiert. Für die Berechnung des Transportverhaltens der teilweise elektrisch geladenen Partikel werden neben Diffusionseffekten und der Coulombschen Kraft auch die Dipol- und die Bildladungskraft berücksichtigt. Sie weisen nach, dass bei hoher elektrischer Ladungsdichte auf der Faser die gesamte Faseroberfläche homogen mit Partikeln bedeckt wird. Bei ungeladenen Fasern zeigt sich dagegen eine ungleichmäßige Beladung. Auf der angeströmten Faserseite lagern sich für diesen Fall aufgrund von Interzeptions- und Trägheitseffekten eine große Zahl von Partikeln an. Dieser Effekt wird für ungeladene Fasern ebenfalls ausführlich von Schomburg et al. [64] diskutiert.

1.5.2 Beschichtungssimulationen

Ye et al. [81] analysieren mittels CFD den elektrostatischen Pulverbeschichtungsprozess. Mit dem entwickelten Simulationsansatz können sie lokal aufgelöste Schichtdickenverläufe auf den zu beschichtenden Materialien vorhersagen und erreichen eine gute Übereinstimmung mit den experimentellen Ergebnisse. Der Ansatz vernachlässigt allerdings die Rückwirkung der Beschichtungstopologie auf die Gasströmung. Es stellt sich heraus, dass die Berücksichtigung der Raumladungsdichte bei der Berechnung des elektrischen Felds großen Einfluss auf den Transport- und Anlagerungsvorgang hat, falls die Ionenkonzentration in der Gasphase hoch ist.

Die strukturierte Anordnung von Nanopartikeln auf einer Substratoberfläche in einem elektrostatischen Präzipitator wird von Krinke [39] betrachtet. Dabei wird das Strömungsfeld während des Anlagerungsprozesses konstant gehalten. Das elektrische Feld wird dagegen in unmittelbarer Nähe bereits deponierter Partikel angepasst. Bei der Anlagerung wird auch die Wechselwirkung der Partikel mit der Oberfläche und bereits abgeschiedener Partikel über die van der Waals Kraft und Bildladungskraft berücksichtigt. Mit dem Simulationsmodell können Partikelbeladungsdichten bei der Beschichtung für unterschiedliche Betriebsbedingungen vorhergesagt werden, die eine gute Übereinstimmung mit den experimentellen Untersuchungen zeigen.

Einen ähnlichen Ansatz verfolgen Tanoue et al. [71]. In einem rotationssymmetrischen Simulationsmodell beschreiben sie die Abscheidung von Partikeln auf einem normal angeströmten Substrat, auf dem Elektroden aufgebracht sind. Nach einer bestimmten Anzahl deponierter Partikel wird das elektrische Feld mit einer angepassten Randbedingung auf der Substratoberfläche neu berechnet. Die Ergebnisse zeigen, dass sich v. a. bei langen Beschichtungszeiten das Anlagerungsverhalten durch die kontinuierliche Anpassung des elektrischen Felds deutlich von der Partikeldeposition ohne Berücksichtigung der Rückwirkung auf das elektrische Feld unterscheidet.

1.5.3 Bewertung des aktuellen Forschungsstands

Der Überblick über die bisherigen Forschungsaktivitäten zeigt, dass für unterschiedliche Fragestellungen mit unterschiedlichen Modellierungstiefen das Anlagerungsverhalten submikroner Partikel auf Oberflächen detailliert untersucht wurde. Sie zeigen überwiegend, dass bei der Modellierung aufwachsender Partikelschichten, die Rückwirkung deponierter Partikel auf den weiteren Anlagerungsprozess berücksichtigt werden sollte. Es existiert bisher noch keine durchgängige, gekoppelte numerische Betrachtung der einzelnen bei der Beräßung des Partikelsensors relevanten physikalischen Effekte inklusive der experimentellen Validierung. Diese durchgängige Betrachtung sollte ausgehend vom Transport der Rußpartikel innerhalb einer Strömung und eines elektrischen Felds über die Anlagerung der Partikel und dem dendritischen Strukturwachstum bis hin zur Verformung der Strukturen und der Kurzschlussbildung zwischen zwei Elektroden alle relevanten Teilaspekte umfassen.

1.6 Ziele und Inhalte dieser Arbeit

Innerhalb dieser Arbeit soll das dynamische Verhalten eines Partikelsensors, der auf einem resistiven Messprinzip basiert, untersucht werden. Dabei soll ein Verständnis für die Zusammenhänge von Sensorfunktion bzw. -signal und dem Anlagerungsverhalten der elektrisch geladenen Rußpartikel auf der Sensoroberfläche erarbeitet werden.

Im experimentellen Teil dieser Arbeit soll ein Prüfstand aufgebaut werden, mit dem unter idealisierten Bedingungen die Sensoroberfläche berußt werden kann. Einerseits soll damit die Sensordynamik bei verschiedenen Randbedingungen und für unterschiedliche Elektrodendesigns analysiert werden. Andererseits sollen mittels mikroskopischen Aufnahmen die dendritischen Strukturen der Rußpartikelpfade zwischen benachbarten Elektroden der Detektoreinheit des Partikelsensors visualisiert werden. Die experimentellen Daten stellen weiterhin eine Validierungsbasis für die nachfolgend durchgeführten Simulationsrechnungen dar.

Im numerischen Teil dieser Arbeit soll ein zweidimensionales Simulationswerkzeug entwickelt werden, mit dem ein Funktionsverständnis für die Abscheidung von Rußpartikeln auf Oberflächen unter Einwirkung eines elektrischen Felds hinsichtlich der Sensordynamik erarbeitet werden kann. Dieses Werkzeug soll zukünftig die Sensorentwicklung bei der Auslegung von Design und Betriebsstrategie des Partikelsensors unterstützen. Dazu ist es erforderlich, einen gekoppelten Modellierungsansatz zu entwickeln, mit dem die einzelnen physikalischen Effekte beschrieben werden können. Zur Berechnung der Gasströmung wird im Rahmen dieser Arbeit ein auf der Lattice-Boltzmann-Methode basierender Simulationsansatz für nicht-äquidistante, adaptive Rechengitter verfolgt. Darüber hinaus soll ein Modell entwickelt werden, mit dem die Anlagerung von Rußpartikeln auf der Sensoroberfläche und das Wachstum dendritischer Partikelstrukturen vorhergesagt werden kann. Weiterhin soll dieses Modell dahingehend erweitert werden, dass damit die Verformung der aufgewachsenen Anlagerungsstrukturen beschrieben werden kann, um den Kurzschluss zweier benachbarter Sensorelektroden durch einen Partikelpfad zu berechnen.

1.7 Aufbau dieser Arbeit

Die vorliegende Arbeit ist folgendermaßen gegliedert. In Kapitel 2 werden der im Rahmen der Arbeit konzipierte und aufgebaute Versuchsstand zur experimentellen Untersuchung des Partikelsensors und die damit erzielten Ergebnisse zur Dynamikmessung gezeigt und bewertet. Die Vorstellung der Lattice-Boltzmann-Methode zur Berechnung der Gasphasenströmung und sowohl die Implementierung als auch die Validierung des Simulationsmodells ist Gegenstand des 3. Kapitels. In Kapitel 4 werden die Modellgleichungen zur Beschreibung des elektrostatischen Felds vorgestellt. Anschließend widmet sich Kapitel 5 der numerischen Berechnung des Partikeltransports nach dem Lagrangeschen Ansatz, und es wird der Einfluss verschiedener auf die Partikel wirkender Kräfte diskutiert. Weiterhin werden hier die verschiedenen Modellansätze zur Beschreibung der Partikelanlagerung vorgestellt.

In Kapitel 6 wird die Partikelanlagerung auf Oberflächen mit der Bildung dendritischer Partikelstrukturen und der Einfluss verschiedener Modellparameter auf die Strukturbildung untersucht sowie ein Modell zur Vorhersage eines Kurzschlusses erläutert. Für die initiale Partikelanlagerung auf der Sensoroberfläche werden Simulationsergebnisse in Kapitel 7 analysiert und ein funktionaler Zusammenhang zwischen der Sensorreichweite und den Randbedingungen erarbeitet. In Kapitel 8 werden die Ergebnisse zur Simulation aufwachsender Partikelstrukturen für variierende Betriebs- und Geometrieparameter präsentiert.

2 Experimentelle Untersuchungen

Das folgende Kapitel beschäftigt sich mit dem in dieser Arbeit aufgebauten Versuchsstand und stellt die Ergebnisse der damit durchgeführten Untersuchungen vor. Mit Hilfe dieser Untersuchungen soll das dynamische Verhalten des resistiven Partikelsensors [14] analysiert werden. Dies beinhaltet einerseits die mikroskopische Untersuchung der durch die angelagerten Rußpartikel hervorgerufenen Strukturbildung auf der Sensoroberfläche. Andererseits wird bei unterschiedlichen definierten Betriebsbedingungen die Dynamik der Signalbildung betrachtet. Darüber hinaus bilden die ausgewerteten Messergebnisse eine Datenbasis, um das anschließend entwickelte Simulationsmodell qualitativ und quantitativ zu validieren.

2.1 Aufbau und Eigenschaften des Prüfstands

In diesem Abschnitt wird zunächst die Motivation für den Aufbau eines Prüfstands zur Analyse der Partikelanlagerung auf dem Partikelsensor unter idealisierten Bedingungen aufgezeigt. Anschließend wird der in dieser Arbeit verwendete Rußgenerator vorgestellt und dessen Abgasstrom hinsichtlich Rußmassenkonzentration, Partikelgrößenverteilung und elektrischer Ladungsverteilung charakterisiert. Danach wird die Versuchsanlage vorgestellt, bevor die Funktion und der Aufbau des Sensorelements erläutert wird.

2.1.1 Motivation

Im Rahmen dieser Untersuchungen sollen Grundlagenversuche zum dynamischen Verhalten des Partikelsensors durchgeführt werden. Unter realen Betriebsbedingungen treten im Abgasstrang eines Diesel-Pkw allerdings verschiedene Effekte auf, die eine kontrollierte und somit reproduzierbare Anströmung und Berußung des Sensorelements negativ beeinflussen. Folgende Herausforderungen sollen mit dem innerhalb dieser Arbeit konzipierten Prüfstand angegangen werden:

1. Beim motorischen Verbrennungsprozess entsteht ein pulsierender Abgasmassenstrom und somit liegt auch ein zeitabhängiger Volumenstrom im Sensornahbereich vor.

2. Der Partikelsensor wird aufgrund der sehr hohen Abgasvolumenströme und zum Schutz der Sensorkeramik vor Wassertropfen in einem Schutzgehäuse verbaut, das mit dem Schutzgehäuse für die Lambdasonde [36] vergleichbar ist. Damit wird nur ein repräsentativer Teilstrom des gesamten Abgasmassenstroms an der Sensoroberfläche vorbeigeführt. Wegen der komplexen Innenkontur des Schutzgehäuses können allerdings in Abhängigkeit vom Motorbetriebspunkt turbulente und hydrodynamisch instabile Strömungszustände am Sensor auftreten.

3. Partikelkonzentration, Abgasvolumenstrom und Abgastemperatur lassen sich im Motorabgas nicht unabhängig voneinander variieren, und somit sind Sensitivitätsanalysen, bei denen nur ein Parameter variiert werden soll, nur eingeschränkt möglich.

4. Untersuchungen von Burtscher [8] und Kittelson [35] haben gezeigt, dass sich in Abhängigkeit vom Motorbetriebspunkt die chemische Zusammensetzung und die Morphologie des Rußes stark verändern kann.

Diese Übersicht über die verschiedenen auftretenden Schwierigkeiten verdeutlicht, dass die Durchführung von grundlegenden Versuchen im Motorabgas nur bedingt geeignet ist, um daraus modellhafte Zusammenhänge zwischen Betriebsbedingungen und Sensordynamik abzuleiten.

2.1.2 CAST-Rußgenerator

Der CAST (Combustion Aerosol Standard) der Fa. Matter Engineering AG [45] wird innerhalb dieser Arbeit zur kontrollierten Herstellung von Rußpartikeln eingesetzt (Abb. 2.1). Im CAST wird in einer laminaren Diffusionsflamme Propangas mit Sauerstoff verbrannt. Mit zusätzlichem kälteren Quenchgas (N_2) wird die Flamme gelöscht und damit die Oxidation gezielt unterbrochen. Als Reaktionsprodukt dieser unvollständigen Verbrennung entsteht neben CO, CO_2 und H_2O auch Ruß. Abb. 2.2 zeigt schematisch das Funktionsprinzip der Brennereinheit. Durch Variation des Verhältnisses von C_3H_8 zu O_2 auf der Eduktseite kann die Höhe der Brennerflamme eingestellt werden. Auf diese Weise lassen sich verschiedene monomodale Partikelgrößenverteilungen mit mittleren Partikeldurchmessern zwischen 33 und 200 nm sowie einer bimodalen Verteilung einstellen.

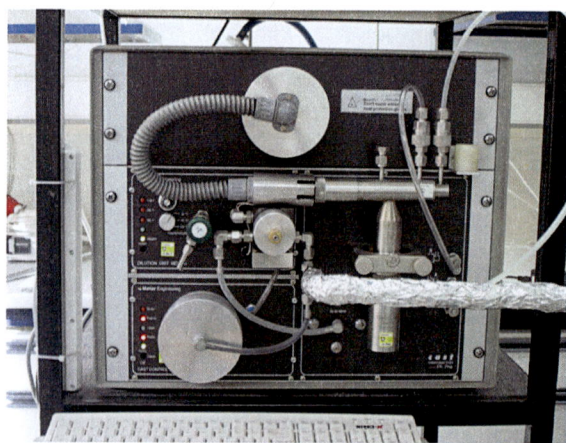

Abbildung 2.1: CAST-Rußgenerator der Fa. Matter Engineering AG.

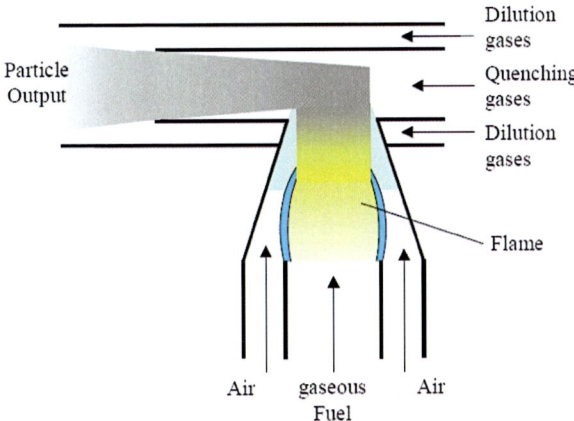

Abbildung 2.2: Funktionsprinzip der Brennereinheit des CAST-Rußgenerators [45].

2.1.3 Charakterisierung der Rußpartikel des CAST

Zur Bewertung der später vorgestellten Messergebnisse und als Randbedingung für die folgenden Simulationsrechnungen sind v. a. drei Eigenschaften der Rußemission des CAST relevant, auf die im Folgenden näher eingegangen wird. Im Einzelnen sind dies die Rußmassenkonzentration, die Partikelgrößenverteilung und die elektrische Ladung der Partikel.

Rußmassenkonzentration

Der CAST-Rußgenerator kann in einem weiten Bereich unterschiedlicher Normvolumenströme zwischen 0 und 25 l/min betrieben werden. In Abhängigkeit vom Gasvolumenstrom stellen sich unterschiedliche Rußmassenkonzentrationen ein. Durch eine gravimetrische Analyse der partikelbeladenen Gasströmung wurde dieser Zusammenhang ermittelt. Dazu wurde durch einen Papierfilter mit einem Partikelabscheidegrad von nahezu 100 % stromabwärts des Rußgenerators das Aerosol gefiltert. Durch Wiegen des Filters vor und nach der Messung kann bei bekannter Messzeit t_M und bekanntem Gasvolumenstrom $\dot{V}_g$ die Rußmassenkonzentration $c_p^{(m)}$ bestimmt werden:

$$c_p^{(m)} = \frac{m_p^{nach} - m_p^{vor}}{\dot{V}_g t_M}. \tag{2.1}$$

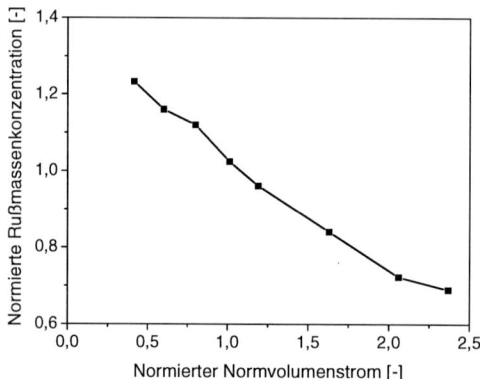

Abbildung 2.3: Normierte volumenstromabhängige Rußmassenkonzentration des CAST-Rußes. Rußkonzentration und Normvolumenstrom sind jeweils auf die Werte des mittleren Betriebspunkts bezogen dargestellt.

Darin beschreibt m_p^{vor} und m_p^{nach} die Masse des Filters vor und nach der Berußung. Die sich daraus ergebenden Partikelkonzentrationen sind in Abb. 2.3 in Abhängigkeit vom Normvolumenstrom normiert dargestellt. Die Messungen zeigen, dass innerhalb des untersuchten Bereichs die Partikelkonzentration mit steigendem Volumenstrom annähernd linear abnimmt.

Partikelgrößenverteilung

Die Partikelgrößenverteilung des Rußmassenstroms aus dem CAST wird mit einem SMPS (Scanning Mobility Particle Sizer) der Fa. TSI ermittelt [73]. Das SMPS ist ein elektrostatischer Klassifizierer mit einem nachgeschalteten CPC (Condensation Particle Counter) zur anzahlbezogenen Konzentrationsbestimmung. Damit können Partikelgrößenverteilungen innerhalb des Größenbereichs 2,5 nm $\leq d_p \leq$ 1000 nm bestimmt werden. Das Grundprinzip beruht auf der Messung der elektrischen Mobilität der Partikel [19]. Unter der elektrischen Mobilität Z_e wird die Beweglichkeit eines Partikels im elektrischen Feld verstanden, und sie ist folgendermaßen definiert:

$$Z_e = \frac{neC_{cun}}{3\pi\mu_g d_p}. \tag{2.2}$$

Darin bezeichnet n die Anzahl der Elementarladungen auf dem Partikel, e die elektrische Elementarladung, C_{cun} den Stokes-Cunningham-Korrekturfaktor, μ_g die dynamische Viskosität des Gases und d_p den Mobilitätsdurchmesser des Partikels. Für ein stark dendritisches Rußagglomerat entspricht der Mobilitätsdurchmesser dem Äquivalentdurchmesser eines kugelförmigen Partikels gleicher elektrischer Mobilität. Bei dieser Messgröße geht somit die Information über den Fraktilitätsgrad des Rußpartikels verloren. Das Messprinzip innerhalb des Klassifizierers ist als vereinfachtes Schema in Abb. 2.4 dargestellt. Die Partikel der zu untersuchenden Aerosolströmung werden zunächst in einer Kr-85-Quelle elektrisch geladen. Der Klassifizierer besteht aus einem geerdeten äußeren Zylinder und einem konzentrischen Innenzylinder, an dem eine variable Hochspannung anliegt. Dadurch stellt sich in der Messapparatur ein elektrisches Feld ein, sodass positiv geladene Partikel zur mittleren Elektrode beschleunigt werden, die während der Messung zusätzlich von Reinluft bzw. dem gereinigten Restgas aus einer zweiten Zuleitung umströmt wird. Im unteren Bereich der zentralen Elektrode befindet sich ein Schlitz, durch den sich Partikel mit einer bestimmten Mobilität hindurch bewegen. Partikel einer höheren Mobilität scheiden

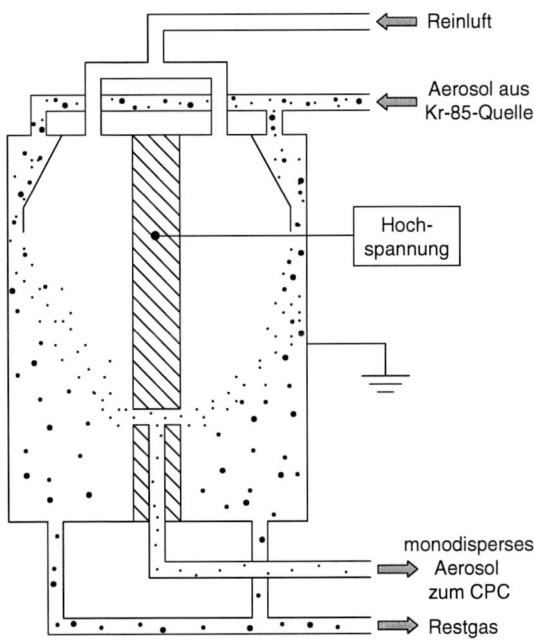

Abbildung 2.4: Funktionsprinzip des Klassifizierers des SMPS.

19

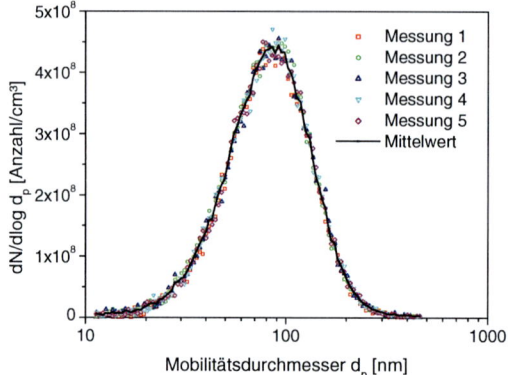

Abbildung 2.5: Partikelgrößenverteilung des CAST-Rußes.

sich an der zentralen Elektrode ab. Partikel einer geringeren Mobilität verlassen über das Restgas den Klassifizierer. Für das über den Schlitz abgesaugte monodisperse Aerosol wird im nachfolgenden CPC die Partikelanzahlkonzentration ermittelt. Durch eine Spannungsvariation an der mittleren Elektrode können Teilströme mit unterschiedlichen, definierten Partikeldurchmessern aus dem ursprünglichen polydispersen Aerosol gewonnen werden.

Abb. 2.5 zeigt die Partikelgrößenverteilung des Rußes aus dem CAST. Dabei wurde bei einem Betriebspunkt des CAST zu fünf unterschiedlichen Zeitpunkten die Partikelgrößenverteilung ermittelt. Die Abbildung zeigt, dass der CAST eine sehr stabile und reproduzierbare Verteilung liefert, die nur schwach um den ebenfalls eingezeichneten Mittelwert streut. Dadurch ist sichergestellt, dass bei der Analyse der Sensorsignale vergleichbare Partikelverteilungen vorliegen.

Elektrische Ladung der Partikel

Rußpartikel, die im motorischen Brennraum oder aber auch im Verbrennungsprozess des CAST entstehen, sind teilweise elektrisch geladen. Die unterschiedlichen Mechanismen, die zur elektrischen Ladung von Partikeln führen können, werden ausführlich in der Arbeit von Böttner [7] beschrieben. Für die elektrische Aufladung des Aerosols, das bei der Verbrennung entsteht, ist im Wesentlichen die Kontaktladung und die bipolare Diffusionsladung von Bedeutung.

Zahlreiche Untersuchungen zur Abschätzung und Bestimmung der elektrischen Ladungsverteilung von Aerosolen wurden in der Vergangenheit durchgeführt. Eine Vielzahl dieser

Arbeiten basieren auf der Boltzmann-Ladungsverteilung ([24], [34]):

$$f_n\left(d_p\right) = \left(\frac{e^2}{4\pi^2\epsilon_0 d_p k_B T_g}\right)^{1/2} \exp\left(\frac{-n^2 e^2}{4\pi\epsilon_0 d_p k_B T_g}\right) \tag{2.3}$$

Hierbei bezeichnet n die Anzahl der Elementarladungen auf dem Partikel, e die elektrische Elementarladung, ϵ_0 die Dielektrizitätskonstante, k_B die Boltzmann-Konstante und T_g die Gastemperatur. Dieser Zusammenhang beruht auf der Annahme, dass sich der elektrische Ladungszustand im Gleichgewicht befindet und ist nur für Partikel mit $d_p > 50\,\mathrm{nm}$ gültig. In Abb. 2.6 ist der Partikelanteil $f_n\left(d_p\right)$ aus Gl. 2.3 mit einer spezifischen elektrischen Ladung n in Abhängigkeit vom Partikeldurchmesser dargestellt. Die Verteilung zeigt, dass

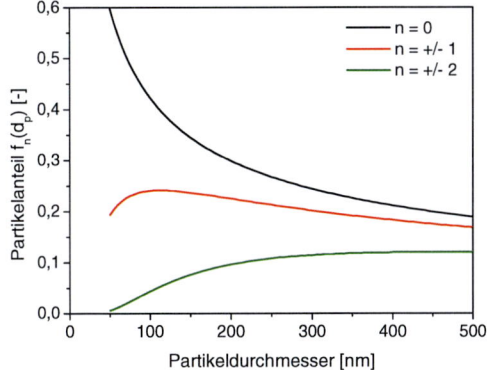

Abbildung 2.6: Elektrische Ladungsverteilung auf Partikeln nach dem Modell von Boltzmann ($T_g = 298\,\mathrm{K}$).

kleine Partikel vorzugsweise elektrisch neutral sind. Mit steigendem Partikeldurchmesser nimmt allerdings die Häufigkeit der einfach positiv und negativ geladenen Partikel zunächst zu und erreicht bei $d_p \approx 100\,\mathrm{nm}$ ein Maximum. Die Häufigkeit mehrfach geladener Partikel nimmt im untersuchten Partikelgrößenbereich kontinuierlich zu. Zusätzlich sagt die Boltzmann-Verteilung identische Konzentrationen positiv und negativ geladener Partikel voraus.

In weiteren Arbeiten ([20], [31], [33], [53], [78]) konnte insbesondere experimentell gezeigt werden, dass sich die bipolare Ladungsverteilung von Aerosolen im stationären Zustand vom Gleichgewichtszustand, der durch die Boltzmann-Verteilung bestimmt wird, unterscheidet. Dabei stellt sich heraus, dass im Gegensatz zum Modell von Boltzmann im stationären Fall Partikel eher negativ als positiv geladen sind. Durch den Ansatz

$$f_n\left(d_p\right) = \frac{e}{\sqrt{4\pi^2\epsilon_0 d_p k_B T_g}}\exp\frac{-\left[n - \frac{2\pi\epsilon_0 d_p k_B T_g}{e^2}ln\left(\frac{c_{nI+}Z_{I+}}{c_{nI-}Z_{I-}}\right)\right]^2}{2\frac{2\pi\epsilon_0 d_p k_B T_g}{e^2}} \tag{2.4}$$

kann diese experimentelle Beobachtung quantitativ gut wiedergegeben werden. Darin entspricht $\frac{c_{nI+}}{c_{nI-}}$ dem Verhältnis der Ionenkonzentrationen positiver und negativer Ionen und kann zu eins gesetzt werden [78]. $\frac{Z_{I+}}{Z_{I-}}$ beschreibt das Verhältnis der Ionenmobilitäten [65] der positiven und negativen Ionen und wurde von Wiedensohler zu $\approx 0{,}844$ bestimmt [79]. Der Gültigkeitsbereich der bipolaren Ladungsverteilung aus Gl. 2.4 umfasst Partikel im Größenbereich $1\,nm \leq d_p \leq 1000\,nm$. In Abb. 2.7 ist die Anzahlverteilung der Partikel in Abhängigkeit vom Partikeldurchmesser und ihrer elektrischen Ladung gemäß dem Zusammenhang nach Wiedensohler dargestellt.

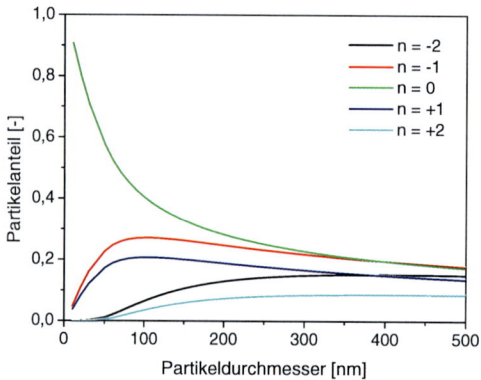

Abbildung 2.7: Elektrische Ladungsverteilung auf Partikel nach dem Modell von Wiedensohler [78] ($T_g = 298\,K$).

2.1.4 Versuchsanlage

Die hier entwickelte Versuchsanlage ist so konzipiert, dass die oben genannten Schwierigkeiten, die beim Betrieb des Sensors im Abgasstrang eines Fahrzeugmotors auftreten, vermieden bzw. reduziert werden. Der Schaltplan des Versuchsaufbaus ist in Abb. 2.8 skizziert. Als Partikelquelle, die sich bereits in zahlreichen früheren Untersuchungen etabliert hat ([29], [54]), wird im Rahmen der hier durchgeführten Messungen ein CAST-Rußgenerator der Fa. Matter Engineering AG (Kap. 2.1.2) verwendet. Hiermit ist es möglich, reproduzierbar Ruß mit einer definierten Partikelgrößenverteilung zu erzeugen. Bevor der rußbeladene Gasstrom in die Messapparatur, in die der zu untersuchende Partikelsensor eingebaut ist, geleitet wird, kann optional in einem zusätzlichen elektrischen Heizer die Gastemperatur variiert werden. In Abb. 2.9 ist der Aufbau der Messapparatur schematisch dargestellt. Die Zuströmung vom CAST erfolgt über eine Rohrleitung mit einem Innendurchmesser von 8 mm. Diese Zuleitung ist möglichst kurz zu halten, damit die Agglomerationswahrscheinlichkeit von Rußpartikeln auch bei niedrigen Strömungsgeschwindigkeiten möglichst gering

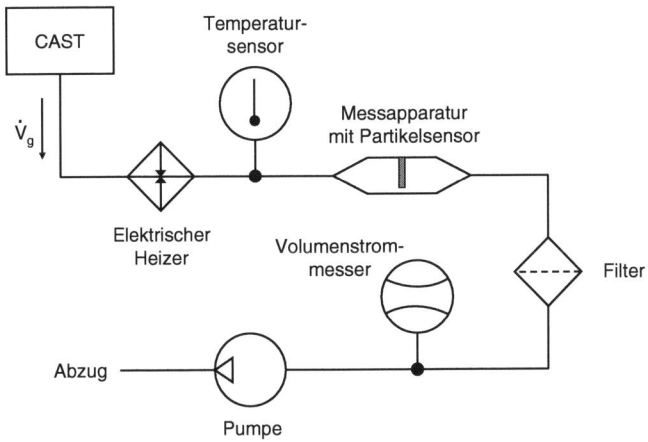

Abbildung 2.8: Schaltplan der Versuchsanlage zur Berußung des Partikelsensors.

bleibt [1]. Beim Eintritt in die Versuchsappartur wird der Rohrquerschnitt stetig von 8 mm auf 27 mm erweitert, wobei der Aufweitungswinkel 7° beträgt. Damit wird sichergestellt, dass sich die Strömung nicht von der Wand ablöst und im Anströmbereich des Sensors ein ausgebildetes laminares Strömungsfeld vorliegt. Bei maximalem Volumenstrom stellt sich im Rohr der Messapparatur, in dem der Sensor verbaut ist, eine Re-Zahl von ca. 1300 ein. Die Auslegung des Sensorelements stellt sicher, dass sich der sensitive Elektrodenbereich (Kap. 2.1.5) stets in der Rohrmitte befindet. Des Weiteren kann der Winkel α, unter dem der Sensor angeströmt wird, variiert werden. Standardmäßig wird der Sensor unter einem Winkel von $\alpha = 10°$ eingebaut (Abb. 2.9, unten). Dadurch wird gewährleistet, dass sich die sensitive Oberfläche des Sensors nie im „Windschatten" der vorderen Anströmkante befindet. Durch diese Einbausituation kann näherungsweise von einer parallelen Überströmung der Elektrodenoberfläche ausgegangen werden. Im Nachlauf des Sensorelements verjüngt sich der Rohrquerschnitt wieder stetig auf 8 mm. Weiter stromabwärts der Messapparatur folgen ein Partikelfilter, ein Volumenstrommessgerät und eine Saugpumpe, über die der Gasvolumenstrom in der Anlage eingestellt wird.

2.1.5 Funktion und Aufbau des Partikelsensors

Der resistive Partikelsensor ist aus einem mehrlagigen keramischen Substrat aus Al_2O_3 aufgebaut. Abb. 2.10 zeigt eine schematische Darstellung des Schichtaufbaus. Auf der obersten

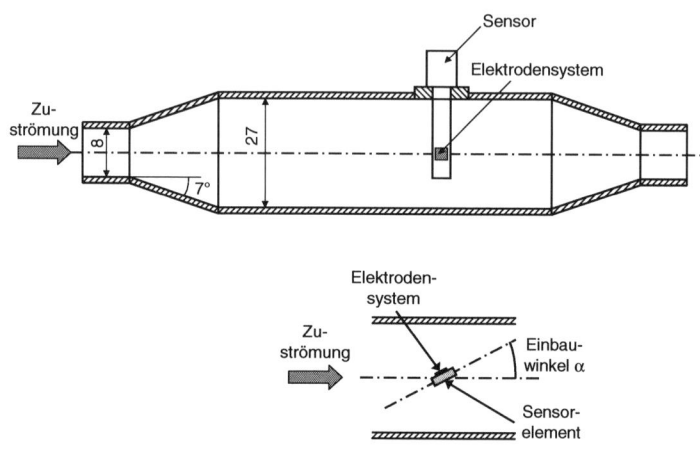

Abbildung 2.9: Schematische Darstellung der Messapparatur und Definition des Einbauwinkels des zu untersuchenden Partikelsensors. Oben: Seitenansicht; unten: Draufsicht.

Lage befindet sich die Detektoreinheit. Diese besteht aus zwei kammförmig ineinander greifenden Pt-Elektroden. Die Elektrodenoberfläche wird in eine partikelbeladene Gasströmung gebracht. Wird durch Anlegen einer elektrischen Spannung ein elektrisches Feld aufgebaut, können sich die teilweise elektrisch geladenen Rußpartikel an den Elektroden anlagern. Als Folge dieser Anlagerung bilden sich zwischen den unterschiedlich polarisierten Elektroden elektrisch leitfähige Partikelpfade aus. Dadurch reduziert sich der elektrische Widerstand und es kann ein mit der Zeit ansteigender Stromfluss am Sensor gemessen werden. Im Folgenden wird dieser Stromfluss auch als Stromsignal des Partikelsensors bezeichnet. In der mittleren Lage befindet sich ein Thermoelement. Hiermit wird während des Betriebs kontinuierlich die mittlere Temperatur im Bereich der Detektoreinheit gemessen. Diese Information ist notwendig, da sich im Motorabgas bei unterschiedlichen Motorbetriebspunkten verschiedene Abgastemperaturen einstellen. Bei der Auswertung des Sensorsignals muss unterschieden werden, ob die Änderung des Stromsignals auf zusätzliche angelagerte Partikel oder auf eine temperaturbedingte Änderung der elektrischen Leitfähigkeit der Partikel zurückzuführen ist.

Die unterste Lage besteht aus einem Heizelement. Der Heizer wird zur Regeneration der berußten Sensoroberfläche nach einem bestimmten Messintervall benötigt (Kap. 2.2.1). Bei der Regeneration wird das Sensorelement kurzzeitig auf ca. 1000 °C aufgeheizt. Dadurch verbrennen die auf der Oberfläche angelagerten Rußpartikel praktisch vollständig. Somit

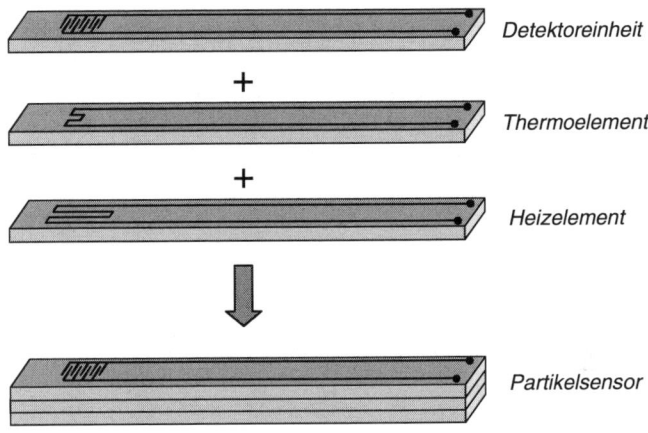

Abbildung 2.10: Schematisch dargestellter Aufbau des mehrlagigen Partikelsensors.

wird gewähreistet, dass zu Beginn eines Messzyklus eine rußfreie Detektoreinheit zur Verfügung steht.

Im Rahmen des experimentellen Teils dieser Arbeit wurden Sensoren mit drei verschiedenen Elektrodengeometrien untersucht. Abb. 2.11 zeigt diese unterschiedlichen Designs. Die Sensoren wurden jeweils so in die Strömung eingebaut, dass die Elektroden in der Abbildung von links nach rechts überströmt werden. In allen drei Fällen beträgt sowohl die Breite der Elektroden als auch der Abstand zwischen zwei Elektroden jeweils 160 µm. Bei der Elektrodengeometrie 1 (Abb. 2.11, a) werden die Elektroden parallel überströmt, während bei der Geometrie 2 (Abb. 2.11, b) die unterschiedlich polarisierten Elektroden alternierend überströmt werden. Geometrie 3 (Abb. 2.11, c) kombiniert Merkmale der beiden anderen Strukturen. Die Geometrien 1 und 2 bestehen jeweils aus vier Elektrodenkämmen der einen und fünf Elektrodenkämmen der anderen Polarität. Daraus ergibt sich jeweils eine für die Signalbildung relevante sensitive Oberfläche des Partikelsensors von $A_{sens} = 7{,}40\,\mathrm{m}^2$

Da die Experimente neben einer Erweiterung des Funktionverständnisses für das Verhalten des resistiven Partikelsensors auch zur Validierung des entwickelten Simulationsmodells dienen sollen, wurde der überwiegende Teil der Messungen an der Elektrodengeometrie 2 durchgeführt. Diese Geometrie erlaubt die Reduktion um die dritte Raumdimension, ohne die wesentlichen Einflussfaktoren auf die Signalbildung zu vernachlässigen. In Abb. 2.12 ist die in dieser Arbeit verwendete Konvention für die Bezeichnung der Elektrodenpolarität

25

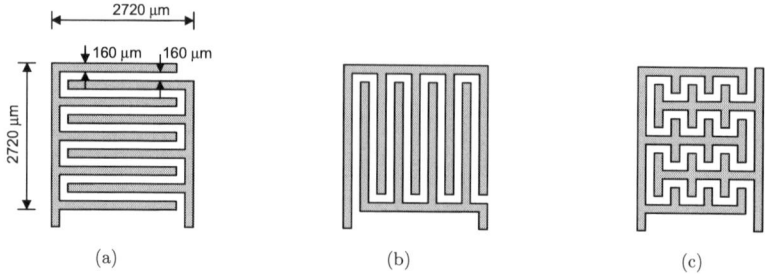

Abbildung 2.11: Design der Detektoreinheiten der untersuchten Elektrodengeometrien: a) Elektrodengeometrie 1, b) Elektrodengeometrie 2, c) Elektrodengeometrie 3.

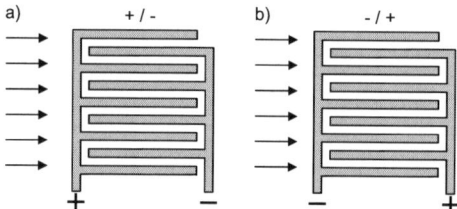

Abbildung 2.12: Definition der Elektrodenpolarität bei einer Überströmung von links nach rechts.

dargestellt. „+/−" bedeutet, dass die linke Elektrode relativ betrachtet positiv gegenüber der anderen Elektrode polarisiert ist, d. h. an den Steg der zunächst überströmten Elektrode wird eine positive Spannung angelegt. Entsprechend bedeutet „−/+" eine vertauschte Polarität.

2.2 Versuchsergebnisse

Dieser Abschnitt, in dem die experimentellen Ergebnisse zur Untersuchung der dynamischen Rußabscheidung auf dem Partikelsensor vorgestellt werden, ist in zwei Teile gegliedert. Der erste Abschnitt befasst sich mit der Auswertung des Messsignals und dem Einfluss unterschiedlicher Randbedingungen auf das Signalverhalten. Im zweiten Teil werden die dendritischen Rußstrukturen mittels Lichtmikroskop und Rasterelektronenmikroskop visualisiert.

2.2.1 Dynamik des Messsignals

Zunächst wird die Vorgehensweise beschrieben, nach der das dynamische Messsignal ermittelt wird und überprüft, inwieweit die Messergebnisse reproduzierbar sind. Anschließend wird der Einfluss verschiedener Betriebs- und Randbedingungen auf das Sensorverhalten analysiert. Dabei wird insbesondere der Einfluss

- der angelegten Elektrodenspannung ΔU,

- des partikelbeladenen Volumenstroms $\dot{V}_g$,

- des Einbauwinkels des Sensors α,

- der Elektrodengeometrie und

- der Gastemperatur T_g

auf die zeitliche Entwicklung des Sensorsignals diskutiert.

Bemerkungen zur Ergebnisdarstellung

Die Darstellung der experimentellen Ergebnisse erfolgt wie auch später die Vorstellung der Simulationsergebnisse in dimensionsloser Form. Dabei werden innerhalb dieses Kapitels die dimensionsbehafteten Größen wie z. B. die Elektrodenspannung, die gemessene Stromstärke und die Messzeit jeweils auf den gleichen konstanten Referenzwert der jeweiligen Größe bezogen.

Durchführung der Messungen

Eine typische Messkurve, die den zeitlichen Verlauf des normierten Stromsignals I und des dazugehörigen Verlaufs der normierten Heizerspannung U_H während des Messprogramms beschreibt, ist in Abb. 2.13 dargestellt. Anhand dieses Beispiels soll im Folgenden die Vorgehensweise bei der Durchführung der Dynamikmessungen ausführlich erläutert werden.

Während der Messphase, die durch einen kontinuierlichen Anstieg des Stromsignals gekennzeichnet ist, ist der im Sensor integrierte Heizer ausgeschaltet ($U_H = 0$). Während der Regenerationsphase nach Ende einer Signalmessung wird der Heizer eingeschaltet ($U_H = 1$),

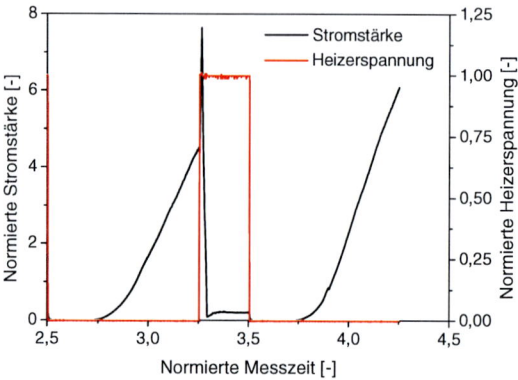

Abbildung 2.13: Typischer Verlauf der Stromstärke (linke Ordinate) und der Heizerspannung (rechte Ordinate) während eines Messzyklus mit Regeneration des Partikelsensors.

damit die während der Messphase auf dem Sensorelement deponierten Partikel abgebrannt werden können.

In der Abbildung sind zwei nacheinander durchgeführte Messungen dargestellt. Die erste Messung startet zum Zeitpunkt $t = 2{,}5$. Zu diesem Zeitpunkt ist der Sensor unbeladen und somit kann kein elektrischer Stromfluss über die Sensorelektroden gemessen werden. Mit zunehmender Zeit lagern sich immer mehr Rußpartikel auf der Oberfläche an, wodurch sich die ersten durchgängigen, elektrisch leitfähigen Rußpfade zwischen den Elektroden ausbilden. Dies äußert sich in einer kontinuierlichen Zunahme des Stromsignals mit zunehmender Messzeit.

Nach Abschluss der ersten Messung zum Zeitpunkt $t = 3{,}25$ wird die Regeneration des Sensors wie oben beschrieben eingeleitet. Dadurch heizt sich das Sensorelement im Elektrodenbereich auf ca. 1000 °C auf. Wie der Abb. 2.13 zu entnehmen ist, steigt daraufhin das elektrische Stromsignal zunächst für einen sehr kurzen Zeitraum überproportional stark an. Dies ist darauf zurückzuführen, dass mit zunehmender Temperatur die elektrische Leitfähigkeit des Rußes stark ansteigt. Der vollständige Abbrand der Rußpartikel auf dem Sensor nimmt eine gewisse Zeit in Anspruch, sodass es zu einem kurzzeitigen starken Anstieg des elektrischen Stromsignals kommt. Danach bricht das Stromsignal stark ein. Das Stromsignal geht allerdings nicht komplett auf $I = 0$ zurück, da bei den sehr hohen Temperaturen selbst durch die nur schwach elektrisch leitende Al_2O_3-Keramik ein kleiner Stromfluss möglich ist. Unter normalen Messbedingungen (20 °C $\leq T_g \leq$ 40 °C) ist dagegen praktisch kein Stromfluss durch das Keramiksubstrat messbar. Zum Zeitpunkt $t \approx 3{,}5$ wird die Heizerspannung wieder auf $U_H = 0$ reduziert. Das Verhalten des Stromverlaufs in diesem Zeitbereich ist in Abb. 2.14 detailliert dargestellt.

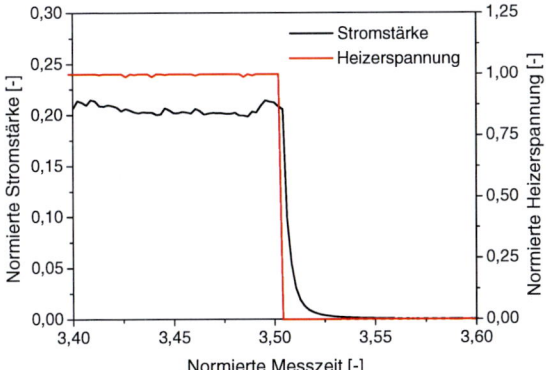

Abbildung 2.14: Detailausschnitt aus dem typischen Verlauf des Messsignals und der Heizerspannung während der Sensorabkühlung (vgl. Abbildung 2.13).

Die Abb. 2.14 zeigt ebenfalls, dass mit Abschalten der Heizerspannung zum Zeitpunkt $t \approx 3{,}5$ der Stromfluss nicht schlagartig auf 0 zurück geht. Dies liegt daran, dass aufgrund der thermischen Masse des Sensorelements eine bestimmte Zeit benötigt wird, bis es auf die Temperatur des umgebenden Gasstroms abgekühlt wird, bei der dann kein Stromfluss mehr stattfinden kann. Während dieser Phase ist allerdings nicht zu erwarten, dass sich eine große Menge von Partikeln auf den Elektroden anlagert. In dieser Phase ist die Oberflächentemperatur des Sensors höher als die Gastemperatur und somit wirkt auf die Partikel eine von der Oberfläche abstoßende thermophoretische Kraft (Kap. 5.1.2). Im Vergleich zur gesamten Messzeit eines Sensorzyklus ist die Dauer des Abkühlvorgangs von untergeordneter Bedeutung.

Reproduzierbarkeit des Messsignals

In diesem Abschnitt wird zum einen beschrieben, inwieweit das Sensorsignal eines Sensors bei konstanten Betriebsbedingungen messtechnisch zu reproduzieren ist. Zum anderen wird bei identischen Bedingungen zwischen verschiedenen Sensoren einer Charge und eines Bautyps das Signalverhalten verglichen.

In Abb. 2.15 sind für einen Sensor jeweils drei Signalverläufe bei $\Delta U = 1/3$ und $\Delta U = 1$ dargestellt. Bei beiden Spannungen ist eine hohe Reproduzierbarkeit des Signals gegeben. Die Abbildung zeigt bei hohen Spannungen praktisch deckungsgleiche Verläufe, bei niedrigen Spannungen zeigen sich dagegen kleine Abweichungen. Dies ist darauf zurückzuführen, dass mit zunehmender elektrischer Spannung die elektrischen Feldkräfte die Bewegung der elektrisch geladenen Rußpartikel hin zur Oberfläche dominieren. Je geringer die Spannung

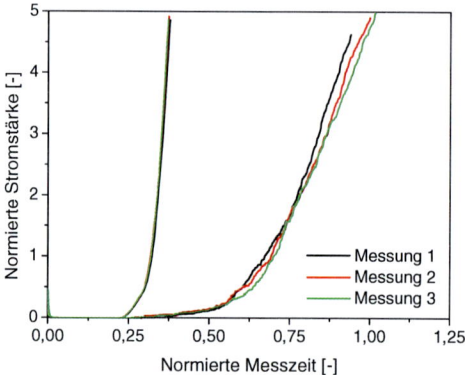

Abbildung 2.15: Untersuchung der Reproduzierbarkeit des Messsignals an einem Partikelsensor bei zwei unterschiedlichen Messspannungen (links: $\Delta U = 1$; rechts: $\Delta U = 1/3$) und konstantem Volumenstrom bei Re = 525 .

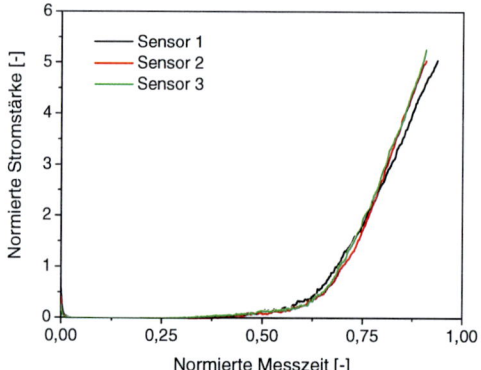

Abbildung 2.16: Untersuchung der Reproduzierbarkeit des Messsignals unterschiedlicher Sensoren einer Charge bei konstanter Elektrodenspannung $\Delta U = 1$ und konstantem Volumenstrom bei Re = 525.

wird, desto geringer werden die Coulombschen Kräfte. Dagegen gewinnt der Einfluss der zufälligen und ungerichteten Brownschen Bewegung an Bedeutung.

In Abb. 2.16 sind Signalverläufe von unterschiedlichen Sensoren bei $\Delta U = 1$ dargestellt. Auch hier kann eine hohe Reproduzierbarkeit des Messsignals im größten Teil des Messbereichs festgestellt werden. Zu späteren Zeitpunkten zeigt einer der untersuchten Sensoren allerdings einen etwas langsameren Signalanstieg. Die Ursache dafür kann z. B. in der Exemplarstreuung, d. h. in fertigungsbedingten Toleranzen im Elektrodendesign, der Partikelsensoren liegen. Abschließend kann festgestellt werden, dass sich der Versuchsaufbau für eine qualitative und quantitative Untersuchung des Sensorverhaltens gut eignet.

Variation der Elektrodenspannung

Durch Variation der Elektrodenspannung des Partikelsensors wird die Höhe der elektrischen Feldstärke im Nahbereich der Elektrodenstruktur beeinflusst. Im Folgenden wird die angelegte Spannung dimensionslos angegeben, indem sie auf einen mittleren Spannungswert normiert wird. Abb. 2.17 (links) illustriert die zeitlichen Stromverläufe des Sensorsignals bei den verschiedenen untersuchten Spannungen. Die Ergebnisse zeigen, dass mit zunehmender Elektrodenspannung das Signal schneller ansteigt. Für die weitere Interpretation und für eine bessere Vergleichbarkeit der Ergebnisse in diesem Abschnitt wird der lineare Zusammenhang zwischen Stromfluss und Spannung nach dem Ohmschen Gesetz genutzt. Deswegen wird in Abb. 2.17 (rechts) statt dem elektrischen Stromfluss I der elektrische Leitwert

$$G = \frac{1}{R} = \frac{I}{U} \tag{2.5}$$

aufgetragen. Dieser elektrische Leitwert, der dem Kehrwert des elektrischen Widerstands R entspricht, stellt eine Normierung des Sensorstroms auf die angelegte Spannung dar.

Zur detaillierteren Analyse der Signaldynamik wird eine sogenannte Auslösezeit t_A des Sensors eingeführt. Darunter wird die Zeit verstanden, bei der ein bestimmter elektrischer Stromfluss bzw. in diesem Fall ein bestimmter elektrischer Leitwert gemessen werden kann. Als Schwellwert für die Auslösezeit wird ein elektrischer Leitwert von $G = 10,0$ verwendet.

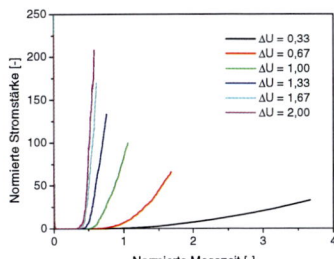 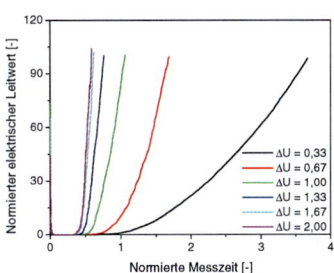

Abbildung 2.17: Einfluss der Elektrodenspannnung auf die Signalbildung des Sensors bei konstantem Volumenstrom bei Re = 525 (links: normierte elektrische Stromstärke I, rechts: normierter elektrischer Leitwert G).

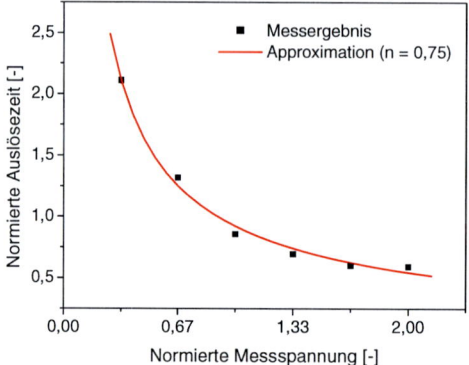

Abbildung 2.18: Leitfähigkeitsbezogene Auslösezeit mit Approximation gemäß des Ansatzes aus Gl. 2.6 ($n = 0,75$).

In Abb. 2.18 ist diese Auslösezeit als Funktion von der Elektrodenspannung dargestellt. Die Grafik verdeutlicht den Rückgang der Auslösezeit mit zunehmender Spannung. Für die Auswertung des Sensorsignals im Steuergerät wird ein funktionaler Zusammenhang zwischen der Auslösezeit t_A und der angelegten Elektrodenspannung ΔU benötigt. Aufgrund des inhomogenen elektrischen Felds über dem Elektrodensystem ist eine analytische Abschätzung des in Abb. 2.18 gezeigten Zusammenhangs zwischen den beiden Größen nicht möglich. Deswegen wird im Folgenden untersucht, inwieweit mit dem Ansatz

$$t_A = t_A(\Delta U_{min}) \left(\frac{\Delta U_{min}}{\Delta U} \right)^n \tag{2.6}$$

ein empirischer Zusammenhang zwischen der Auslösezeit t_A und der angelegten Elektrodenspannung ΔU gefunden werden kann. Als Referenzpunkt wird dabei die gemessene Auslösezeit bei $\Delta U_{min} = 1/3$ verwendet. Aus der Analyse hat sich ergeben, dass für den Exponenten $n = 0{,}75$ eine gute Übereinstimmung mit der Messung erzielt werden kann. Der Verlauf dieses empirischen Ansatzes im Vergleich zu den Messdaten ist ebenfalls in Abb. 2.18 dargestellt.

Variation der Elektrodenpolarität

In diesem Abschnitt wird die Sensitivität der Signalbildung bezüglich der Elektrodenpolarität betrachtet. Bei einer flachen Winkelanstellung des Sensorelements von $\alpha = 10°$ werden bei $\Delta U = 1/3$ und $\Delta U = 1$ jeweils zwei Messungen durchgeführt, bei denen nur die Polarität der Elektroden vertauscht wird. Die Messergebnisse für das zeitliche Signalverhalten sind in Abb. 2.19 dargestellt. Die Legendenbezeichnung „+/-" bedeutet dabei, dass die

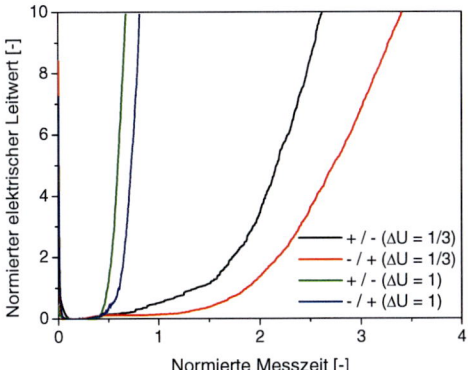

Abbildung 2.19: Einfluss der Elektrodenpolarität auf die Signalbildung des Sensors bei zwei unterschiedlichen Elektrodenspannungen ($\Delta U = 1/3$ und $\Delta U = 1$) und konstantem Volumenstrom bei Re = 525.

zuerst überströmte Elektrode positiv gegenüber der benachbarten Elektrode stromabwärts polarisiert ist (siehe Kap. 2.1.5). „-/+" steht für die umgekehrte Elektrodenpolarität. Die Ergebnisse zeigen einen erheblichen Unterschied im Signalverhalten in Abhängigkeit von der Elektrodenpolarität. Unabhängig von der Höhe der angelegten elektrischen Spannung zeigt sich in beiden Fällen die gleiche Tendenz. Ist die zuerst überströmte Elektrode positiv polarisiert („+/-"), so bildet sich das Signal deutlich schneller aus als bei umgekehrter Polarität. Diese Beobachtung kann durch verschiedene Ursachen erklärt werden:

1. Bei einer Sensorspannung von z. B. $\Delta U = 1$ liegt an der negativen Elektrode ein Potential von $U = -1$ an, da die positive Elektrode geerdet ist. Damit besitzt die positive Elektrode das gleiche Potentialniveau wie die umgebende Rohrwand. Die elektrischen Potentialfelder unterscheiden sich in den beiden untersuchten Fällen somit nicht nur im Vorzeichen des elektrischen Potentials sondern auch in ihren lokalen Absolutwerten. Dieser Effekt kann z. B. dadurch vermieden werden, dass an den beiden Elektroden eine Spannung von $U_1 = -0{,}5$ und $U_2 = +0{,}5$ angelegt wird (vgl. Kap. 7.3).

2. Wie in Kap. 2.1.3 beschrieben wurde, gilt für das Verhältnis der Anzahl von negativ zu positiv geladenen Partikeln

$$\frac{N(q_p < 0)}{N(q_p > 0)} > 1. \tag{2.7}$$

Im Fall „+/-" ist das Verhältnis positiv zu negativ polarisierter Elektrodenfinger 5 zu 4. Dadurch existiert für die in der größeren Anzahl vorhandenen negativ geladenen Partikel auch eine höhere potentielle Anlagerungsfläche.

Weiterhin fällt auf, dass sich bei der niedrigeren Elektrodenspannung sowohl der Signalverlauf im frühen Messbereich als auch die zeitliche Änderung des Signals dI/dt im späteren Bereich deutlich unterscheiden. Im Gegensatz dazu ist bei höherer Spannung der charakteristische Verlauf des Stromsignals sehr ähnlich. Lediglich die Länge des Startbereichs, die durch die Auslösezeit beschrieben wird, variiert um ca. 20%.

Variation des Volumenstroms

Dieser Abschnitt widmet sich dem Einfluss der Strömungsgeschwindigkeit auf das Sensorsignal. In Abb. 2.20 sind die Signalverläufe für verschiedene Gasvolumenströme bzw. Re-Zahlen dargestellt. Die auf den Rohrdurchmesser bezogene Re-Zahl wurde dabei zwischen 210 und 1260 variiert. Damit liegt in allen untersuchten Fällen ein laminarer Strömungszustand im Rohr vor. Diese Darstellung zeigt, dass mit steigendem Volumenstrom die Signalbildung schneller erfolgt. Wie in Kap. 2.1.2 bereits gezeigt wurde, kann der Volumenstrom $\dot{V}$ nicht unabhängig von der Partikelmassenkonzentration $c_p^{(m)}$ variiert werden. Allerdings nimmt die Partikelkonzentration in geringerem Umfang ab, als der Volumenstrom zunimmt. Dadurch steigt der Partikelmassenstrom gemäß des Zusammenhangs

$$\dot{m}_p = \dot{V} c_p^{(m)} \tag{2.8}$$

mit dem Volumenstrom an. Aus diesem Grund wurde eine nachträgliche Konzentrationsnormierung des Signals durchgeführt. Bei dieser Normierung wurde die Annahme getroffen, dass sich das Sensorsignal proportional zur Partikelkonzentration verändert. Die Ergebnisse für die Auswertung der Auslösezeit vor und nach der Konzentrationsnormierung sind in

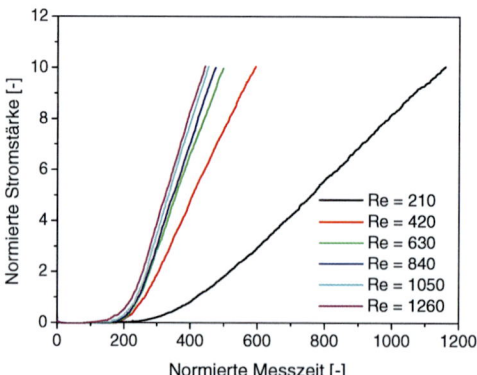

Abbildung 2.20: Einfluss des Volumenstroms bzw. der Re-Zahl auf die Signalbildung des Sensors bei konstanter Elektrodenspannung $\Delta U = 1$.

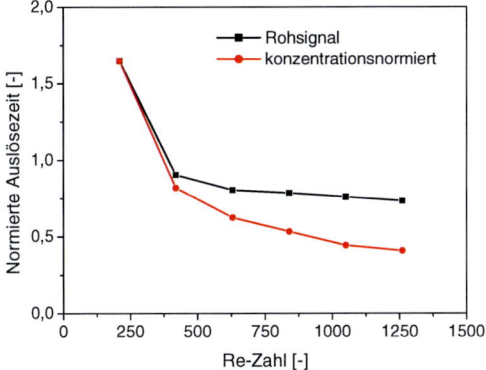

Abbildung 2.21: Einfluss des Volumenstroms bzw. der Re-Zahl auf die Auslösezeit des Sensors bei konstanter Elektrodenspannung $\Delta U = 1$.

Abb. 2.21 über der Re-Zahl dargestellt. Mit steigender Re-Zahl reduziert sich die Auslösezeit des Sensors deutlich.

Abb. 2.22 zeigt den Verlauf der reziproken konzentrationsnormierten Auslösezeit. Für die quantitative Signalauswertung wurde die Auslösezeit auf Basis des Ansatzes

$$\frac{1}{t_A} = a\mathrm{Re}^n \tag{2.9}$$

in Abhängigkeit von der Reynolds-Zahl und den beiden Konstanten a und n approximiert. Es zeigt sich, dass kein linearer Zusammenhang ($n = 1$) zwischen reziproker Auslösezeit und Volumenstrom und damit auch dem Partikelmassenstrom besteht. Diese Beobachtung kann folgendermaßen erklärt werden. Mit steigendem Volumenstrom erhöht sich die Überströmungsgeschwindigkeit der Sensoroberfläche und somit auch die Anzahl an Partikeln pro Zeit in Elektrodennähe. Dadurch verringert sich gleichzeitig auch die Verweilzeit eines einzelnen Partikels im Nahfeld der Elektroden und damit die Zeit die zur Verfügung steht, um Partikel zur Oberfläche hin zu beschleunigen. Dies hat zur Folge, dass der Volumenbereich über den Sensorelektroden, aus dem Partikel auf der Oberfläche deponieren können, mit steigendem Volumenstrom kleiner wird. Die Approximation aus Gl. 2.9 ergibt, dass für $a = 0{,}018$ und $n = 0{,}69$ der gemessene Zusammenhang zwischen der Re-Zahl und der Auslösezeit sehr gut wiedergegeben werden kann.

Variation des Anströmwinkels

Im Folgenden werden die Auswirkungen des Einbauwinkels α des Sensors in der Strömung bei zwei unterschiedlichen Sensorspannungen diskutiert. Die Definition des Einbauwinkels

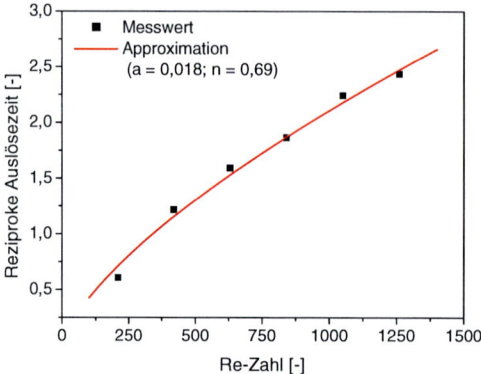

Abbildung 2.22: Reziproke konzentrationsnormierte Auslösezeit des Sensors bei Variation des Volumenstroms bzw. der Re-Zahl mit Approximation gemäß des Ansatzes aus Gl. 2.9.

ist Abb. 2.9 zu entnehmen. In Abb. 2.23 ist das Sensorsignal für $\Delta U = 1/3$ (links) und $\Delta U = 1$ (rechts) bei unterschiedlichen Winkelstellungen des Sensors dargestellt. Bei der niedrigeren Elektrodenspannung von $\Delta U = 1/3$ wurde der Sensoreinbauwinkel zwischen $\alpha = 10°$ und $\alpha = 90°$ variiert. Es zeigt sich eine deutliche Abhängigkeit des Signalverlaufs von der Ausrichtung der sensitiven Elektrodenfläche relativ zur Strömung. Je näher die Einbauposition einer Staupunktsanströmung ($\alpha = 90°$) des Sensors kommt, desto früher und schneller steigt das Sensorsignal an. Bei der höheren Spannung von $\Delta U = 1$ wurde der Einbauwinkel zwischen $\alpha = 10°$ und $\alpha = 170°$ variiert. Die Ergebnisse zeigen, dass bei der Erhöhung der Spannung der Einfluss der Anströmungsrichtung auf das Sensorsignal deutlich zurückgeht. Die zeitlichen Verläufe des Sensorstroms befinden sich unabhängig

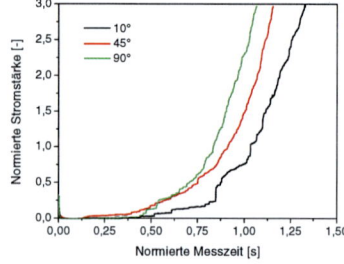
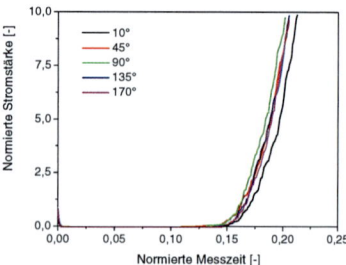

Abbildung 2.23: Einfluss des Einbauwinkels des Sensors auf die Signalbildung bei konstantem Volumenstrom bei Re = 525 (links: $\Delta U = 1/3$; rechts: $\Delta U = 1$)

vom Einbauwinkel in einem sehr engen Bandbereich. Dies lässt sich darauf zurückführen, dass mit zunehmender Elektrodenspannung die Coulomb-Kräfte gegenüber den diffusiven Kräften aus der Brownschen Bewegung und der Anströmung zunehmend an Bedeutung gewinnen und den Anlagerungsprozess dominieren.

Variation der Elektrodengeometrie

In diesem Abschnitt werden die Ergebnisse zur Untersuchung des Signalverhaltens in Abhängigkeit von der Elektrodengeometrie vorgestellt. Dabei werden im Vergleich zur bisher untersuchten Geometrie zusätzlich die beiden in Abb. 2.11 dargestellten Sensoren mit den Elektrodengeometrien 1 und 3 analysiert. Die Signalverläufe der drei Sensoren sind in Abb. 2.24 zusammengefasst. Es zeigt sich, dass die Dynamik des Messsignals maßgeblich von der geometrischen Anordnung der Elektroden, die sich auf der Detektoroberfläche befinden, abhängt. Dabei wird deutlich, dass sich sowohl die Auslösezeiten der Sensoren als auch die zeitlichen Änderungen des Signale nach Auslösung stark unterscheiden. Die Geometrie 1, die durch eine parallele Überströmung der Sensorelektroden gekennzeichnet ist, zeigt hierbei das schnellste Auslöseverhalten und anschließend den steilsten Signalanstieg. Der Sensor 3, der sich durch eine antennenartige Elektrodenstruktur auszeichnet und einen geometrischen Kompromiss aus den beiden anderen Geometrien darstellt, zeigt sich als der Sensor mit der geringsten Ansprechdynamik.

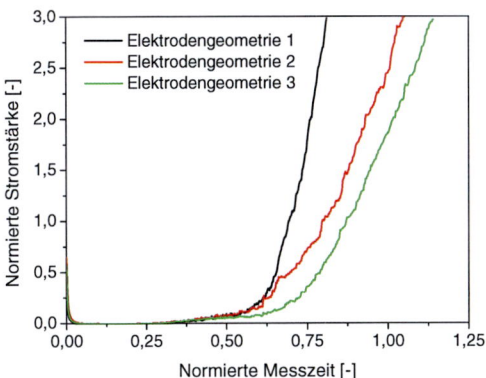

Abbildung 2.24: Einfluss der Elektrodengeometrie auf die Signalbildung des Sensors bei konstanter Elektrodenspannung $\Delta U = 1$ und konstantem Volumenstrom bei Re = 525 (Definition der Elektrodengeometrien in Abb. 2.11).

Variation der Gastemperatur

Als letzter Parameter wird innerhalb dieses Abschnitts der Einfluss der Gastemperatur T_g auf die Signalbildung untersucht. Dabei wird innerhalb der Versuchsreihe die Gastemperatur über den elektrischen Heizer, der sich vor der Messapparatur befindet, variiert. Der Gasvolumenstrom, d. h. die Anströmgeschwindigkeit, soll dabei konstant gehalten werden. Dadurch ergeben sich folgende Konsequenzen, die bei der Einstellung der Messbedingungen und bei der späteren Interpretation der Messergebnisse berücksichtigt werden müssen:

1. Gemäß dem idealen Gasgesetz muss mit steigender Gastemperatur $T_{g,1}$ bei konstantem Volumenstrom $\dot{V}_{g,1}$ im Messrohr der Volumenstrom aus dem CAST vor dem Heizelement $\dot{V}_{g,0}$ bei konstanter Temperatur $T_{g,0}$ abnehmen:

$$\dot{V}_{g,1} = \frac{\rho_g(T_{g,1})}{\rho_g(T_{g,0})} \dot{V}_{g,0}. \tag{2.10}$$

2. Gleichzeitig nimmt aber auch die Partikelkonzentration mit zunehmendem Volumenstrom $\dot{V}_{g,0}$ gemäß Abb. 2.3 ab.

3. Aufgrund der starken Temperaturabhängigkeit der Gasdichte und der Viskosität verändert sich bei konstanter Strömungsgeschwindigkeit v_g die Re-Zahl im Rohr:

$$\mathrm{Re} = \frac{v_g d_r \rho_g}{\mu_g}. \tag{2.11}$$

Dies hat zur Folge, dass sich die hydrodynamischen Zustände im Rohr bzw. bei der Umströmung des Sensorelements verändern.

In Abb. 2.25 ist die Auslösezeit über der Gastemperatur bei den beiden Sensorspannungen $\Delta U = 1/3$ und $\Delta U = 1$ dargestellt. Dazu wurden die Rohsignale bzgl. der Konzentration normiert (vgl. Kap. 2.2.1). Die Ergebnisse zeigen, dass die Auslösezeit mit steigender Temperatur abnimmt. Diese schnellere Signalbildung kann hauptsächlich auf folgende Ursachen zurückgeführt werden:

1. Mit zunehmender Gastemperatur steigt die elektrische Leitfähigkeit der Rußpartikel an.

2. Mit steigender Temperatur nimmt der Temperaturunterschied zwischen Gas und Sensoroberfläche zu. Damit gewinnt der Einfluss des thermophoretischen Transports des Rußes zur Oberfläche zunehmend an Bedeutung.

3. Die Diffusionsgeschwindigkeit der Partikel in Gasen steigt mit der Temperatur an. Dadurch sind höhere diffusionsbedingte Depositionsraten zu erwarten.

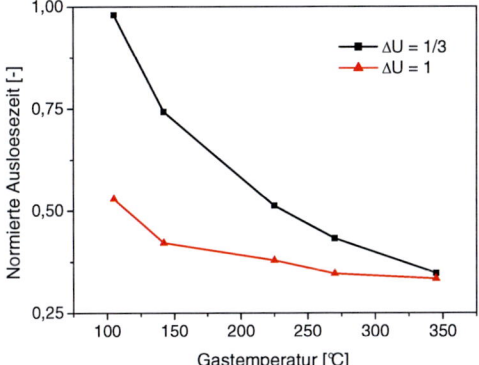

Abbildung 2.25: Einfluss der Gastemperatur auf die Signalbildung des Sensors bei konstanter Strömungsgeschwindigkeit.

2.2.2 Zusammenfassung der Dynamikmessungen

Die wesentlichen Erkenntnisse der experimentellen Untersuchungen zur Sensordynamik sind:

- Der Sensor zeigt ein gut reproduzierbares Signalverhalten.

- Mit steigender Messspannung geht im relevanten Bereich die Auslösezeit des Sensors deutlich zurück ($t_A \propto (1/\Delta U)^{0,75}$).

- Eine Vertauschung der Elektrodenpolarität führt zu einer maßgeblichen Änderung des Signalverlaufs.

- Bei hohen Elektrodenspannungen hat der Einbauwinkel des Sensors kaum Einfluss auf die Signalbildung. Der Einfluss nimmt bei geringeren Spannungen deutlich zu.

- Verschiedene untersuchte Elektrodendesigns zeigen ein stark unterschiedliches Signalverhalten bezüglich der Auslösezeit und der anschließenden zeitlichen Änderung und der Charakteristik des Messstroms.

- Mit steigendem Gasvolumenstrom verringert sich die Auslösezeit ($1/t_A = 0{,}018\mathrm{Re}^{0,69}$).

- Mit zunehmender Gastemperatur verringert sich bei konstanter Strömungsgeschwindigkeit die Auslösezeit.

2.2.3 Mikroskopische Untersuchung der Partikelanlagerung

Nachdem in den vorangegangenen Abschnitten verschiedene Einflussfaktoren auf das dynamische Signalverhalten des Sensors untersucht wurden, werden hier die dendritischen Rußstrukturen, die für den Elektrodenkurzschluss und den daraus resultierenden Stromfluss zwischen den Sensorelektroden verantwortlich sind, näher betrachtet.

Abb. 2.26 zeigt lichtmikroskopische Aufnahmen der mit Ruß beladenen Sensoroberfläche zu drei unterschiedlichen Zeitpunkten eines charakteristischen Sensorzyklus (siehe Abb. 2.13) bei einer niedrigen Sensorspannung von $\Delta U = 1/3$. Die Überströmung der Elektroden erfolgt dabei von links nach rechts. In Abb. 2.26(a) sind die Rußstrukturen zu einem sehr frühen Messzeitpunkt zu sehen. Das Wachstum der Strukturen beginnt dabei auf der stromabwärts gelegenen Kante der Elektrode in Richtung ihrer benachbarten Elektrode. Dabei zeigt sich, dass sich die deponierten Rußpartikel zu einzelnen dünnen filigranen Strukturen formieren. Diese baumartigen Strukturen zeigen einen unterschiedlich stark ausgeprägten Grad der „Verästelung" und sind sehr gleichmäßig entlang der Elektrodenkante verteilt.

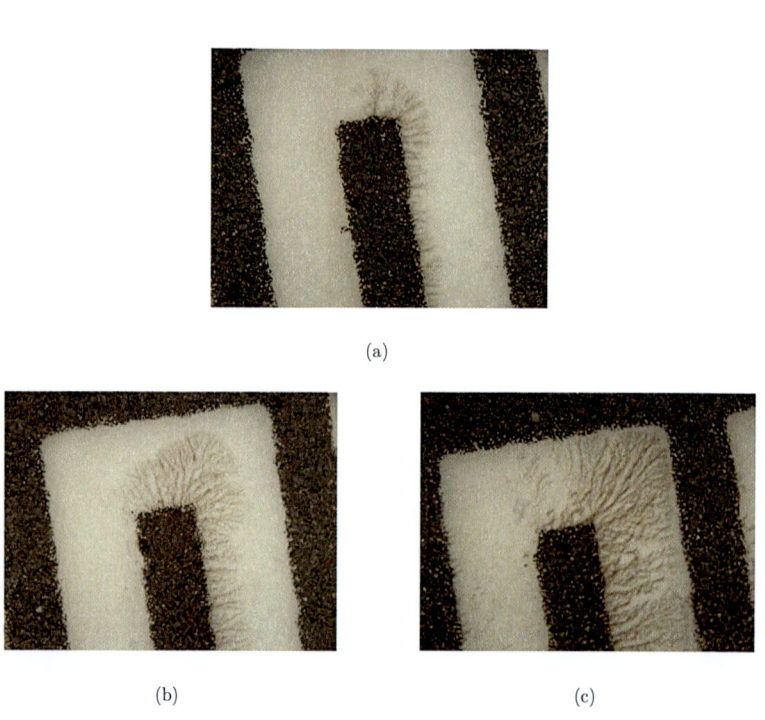

(a)

(b)   (c)

Abbildung 2.26: Lichtmikroskopaufnahmen des Partikelsensors zu unterschiedlichen Beladungszeitpunkten bei einer Elektrodenspannnung von $\Delta U = 1/3$ und einer Überströmung von links nach rechts. Dunkel: Pt-Elektroden; hell: Keramiksubstrat.

Diese Tendenzen bestätigen sich zu einer späteren Messzeit (Abb. 2.26(b)). Weiterhin sind zu diesem Zeitpunkt durch lichtmikroskopische Aufnahmen noch keine Rußpfade, die eine Brücke zwischen den Elektroden bilden und somit einen Stromfluss ermöglichen, ersichtlich. Erst zu einem späteren Zeitpunkt (Abb. 2.26(c)) ist die Rußbeladung so stark, dass es zu einem auch optisch sichtbaren Elektrodenkurzschluss kommt. Dabei sind nach wie vor die einzelnen Rußpfade zu erkennen. Gleichzeitig beobachtet man, dass mit zunehmender Beladung des Sensors nicht nur die Länge der einzelnen Dendriten sondern auch deren Durchmesser zunimmt.

In Abb. 2.27 ist das Anlagerungsbild zu einem späten Messzeitpunkt bei einer höheren Sensorspannung von $\Delta U = 1$ dargestellt. Hierbei ergeben sich signifikant andere Strukturformationen als bei niedrigen Spannungen. Die Strukturen sind zum einen weniger stark verästelt und zum anderen zeigen sie sich in den Mikroskopaufnahmen wesentlich dünner und lang gestreckt. Die Unterschiede in den Anlagerungsstrukturen bei den beiden

Abbildung 2.27: Lichtmikroskopaufnahmen des Partikelsensors bei einer Elektrodenspannnung von $\Delta U = 1$ und einer Überströmung von links nach rechts. Dunkel: Pt-Elektroden; hell: Keramiksubstrat.

untersuchten Elektrodenspannungen sind vor allem auf die folgenden beiden Effekte zurückzuführen:

- Bei geringerer Elektrodenspannung nehmen die elektrischen Feldkräfte, die für die Partikelanlagerung maßgeblich verantwortlich sind, ab. Die Anlagerung ist somit bei niedrigen Spannungen eher diffusionsdominiert und damit ungerichtet, wodurch es zu einer stark dendritischen Anlagerungsstruktur kommt.

- Durch die höheren elektrischen Feldkräfte bei hohen Spannungen wirken starke Kräfte zwischen den Spitzen der Dendritstrukturen und der benachbarten Elektrode. Dies führt dazu, dass sich gestreckte Strukturen ausbilden.

Neben den lichtmikroskopischen Untersuchungen, deren optische Möglichkeiten zur Auflösung der Rußpfade stark begrenzt sind, wurden die Anlagerungsstrukturen mittels eines Rasterelektronenmikroskops (REM) untersucht. Die REM-Aufnahmen der Dendritstrukturen für die höhere Elektrodenspannung von $\Delta U = 1$ sind in Abb. 2.28 dargestellt. Sie zeigen die Strukturen in unterschiedlichen Auflösungen, wodurch verschiedene Details der Struktur sichtbar werden. Es ist zu beachten, dass innerhalb dieser Darstellung die Überströmung der Elektroden von unten nach oben erfolgt. In den Abbn. 2.28(a) und 2.28(b) wird die starke Verästelung bzw. Vernetzung der einzelnen Rußpfade deutlich. In Abb. 2.28(c) sind die einzelnen Primärpartikel, die in der Größenordnung von 10 bis 20 nm liegen, zu erkennen. Einzelne Rußagglomerate lassen sich innerhalb der Rußpfade nicht identifizieren. Damit ist es nicht möglich, eine genaue Aussage über die Anzahl und Größe der Partikel in den Pfaden zu treffen.

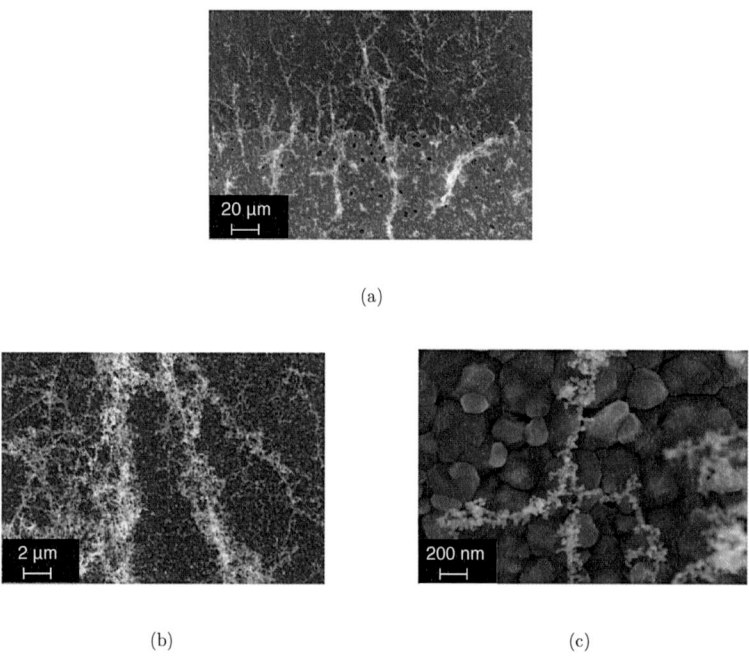

(a)

(b)   (c)

Abbildung 2.28: Rasterelektronenmikroskop-Aufnahmen der Dendritstrukturen zwischen den Sensorelektroden bei einer Elektrodenspannung von $\Delta U = 1$ und einer Überströmung von unten nach oben in unterschiedlichen Detaillierungsgraden. Hellgrau: Pt-Elektroden; dunkelgrau: Keramiksubstrat; hell: Ruß.

3 Modellierung der Gasströmung

3.1 Einleitung

Strömungstechnische Fragestellungen können bis auf wenige sehr einfache Ausnahmen nicht analytisch gelöst werden. Es existieren zahlreiche Modellansätze auf unterschiedlichen Abstraktionsebenen, mit denen die exakte Lösung des Strömungsfelds approximiert werden kann.

Zunächst wird hier ein kurzer Überblick über die wesentlichen Vertreter der verschiedenen Modellansätze gegeben, bevor in den nachfolgenden Abschnitten dieses Kapitels die Grundlagen zu der in dieser Arbeit verwendeten Lattice-Boltzmann-Methode ausführlich beschrieben werden. In Tab. 3.1 sind die wichtigsten Modellierungsansätze der einzelnen Abstraktionsebenen mit den zu lösenden Modellgleichungen und den entsprechenden Bilanzgrößen zusammengefasst [25].

Die Modellierungsebene mit dem geringsten Abstraktionsgrad stellt die kinetische Gastheorie dar [77]. Bei dieser Modellierungsmethode wird ausgehend vom Bewegungsverhalten

Modellierungs-ebene	Modell-gleichungen	Bilanzgrößen		
Kontinuums-mechanik	Navier-Stokes-Gleichungen	Masse, Impuls		
Statistische Mechanik	Boltzmann-Gleichung	Verteilungs-funktion	Empirie nimmt zu	Numerischer Aufwand steigt
Kinetische Gastheorie	Hamilton-Gleichung	Molekül-eigenschaften		

Tabelle 3.1: Überblick über verschiedene Modellierungsansätze auf unterschiedlichen Abstraktionsebenen zur Beschreibung von Strömungsvorgängen.

einzelner Moleküle das makroskopische Fluidverhalten beschrieben. Dabei wird die Bewegung einzelner Moleküle mit der Hamilton-Gleichung unter Berücksichtigung von Molekülkollisionen betrachtet. Der Anwendungsbereich dieses Berechnungsansatzes ist allerdings stark eingeschränkt. Unter Normalbedingungen ($T = 293$ K und $p = 1$ bar) enthält 1 cm^3 Luft ca. $2{,}7 \cdot 10^{19}$ Moleküle. Somit ist leicht ersichtlich, dass der numerische Aufwand dieser Methode sehr hoch ist und sie somit in der Regel nicht zur Berechnung komplexer und großer Strömungsfelder eingesetzt wird. Vielmehr wird diese Methode verwendet, um das mikroskopische Verhalten von Fluiden zu untersuchen und daraus makroskopische Eigenschaften eines Gases (z. B. Viskosität oder Wärmeleitfähigkeit), die für Ansätze einer höheren Modellierungsebene benötigt werden, abzuleiten.

Eine Ebene darüber lassen sich statistische Methoden wie z. B. die Lösung der Boltzmann-Gleichung oder der daraus abgeleiteten Lattice-Boltzmann-Gleichung einordnen. Hier wird das Bewegungsverhalten von Molekülen durch eine Verteilungsfunktion statistisch beschrieben. Durch eine Mittelung auf dieser Ebene ist es möglich, die makroskopischen Strömungsgrößen Dichte und Geschwindigkeit zu ermitteln. Details hierzu werden in den nachfolgenden Abschnitten dieses Kapitels erläutert.

In der obersten Ebene innerhalb dieser Aufzählung befinden sich kontinuumsmechanische Ansätze. Aus diesem Bereich sind die Navier-Stokes-Gleichungen die bekanntesten Vertreter und bilden die Grundgleichungen vieler kommerzieller Programme für strömungstechnische Fragestellungen. Diese Gleichungen, die die makroskopischen Größen Masse und Impuls bilanzieren, werden im nachfolgenden Abschnitt 3.2 vorgestellt.

Zusammenfassend kann festgestellt werden, dass mit steigendem Abstraktionsgrad der Modelle der Einsatz empirischer Zusammenhänge zunimmt. Gleichzeitig reduziert sich der numerische Aufwand, weil der Diskretisierung der Modellgleichungen eine kleiner werdende Anzahl von Freiheitsgraden zugrunde liegt.

Im Rahmen dieser Arbeit wird zur Berechnung des isothermen Strömungsfelds die Lattice-Boltzmann-Methode eingesetzt. Eine der Herausforderungen stellt die Strömungsberechnung um die kontinuierlich anwachsenden stark dendritischen Anlagerungsstrukturen auf der Oberfläche des Partikelsensors dar. Aufgrund der einfachen Wandbehandlung und der hohen Stabilität dieses numerischen Verfahrens bei der Berechnung von Strömungen in komplexen Geometrien ist diese Methode im besonderen Maße für die Anforderungen dieser Arbeit geeignet.

3.2 Erhaltungsgleichungen der Strömungsmechanik

Die Navier-Stokes-Gleichungen beschreiben das makroskopische Verhalten von Fluiden [51]. Die Impulsgleichungen bilden zusammen mit der Kontinuitätsgleichung ein System partieller Differentialgleichungen für die makroskopischen Größen Masse und Impuls.

Die Kontinuitätsgleichung lässt sich in vektorieller Schreibweise durch

$$\frac{\partial \rho}{\partial t} + \nabla \cdot (\rho \mathbf{v}) = 0 \tag{3.1}$$

beschreiben. Die Navier-Stokes-Gleichungen lauten unter Vernachlässigung äußerer Kräfte:

$$\rho \left(\frac{\partial \mathbf{v}}{\partial t} + (\mathbf{v} \cdot \nabla) \, \mathbf{v} \right) = -\nabla p + \mu \Delta \mathbf{v}. \tag{3.2}$$

In diesen Gleichungen beschreibt ρ die Fluiddichte, $\mathbf{v}$ den lokalen Geschwindigkeitsvektor, p den lokalen Druck und μ die dynamische Viskosität des Fluis. Bei der Betrachtung von Strömungen kompressibler Fluide muss zur Schließung des Gleichungssystems von 4 Gleichungen für 5 Unbekannte noch eine Zustandsgleichung wie beispielsweise die ideale Gasgleichung

$$\rho = \frac{p}{RT} \tag{3.3}$$

zur Berechnung der variablen Dichte ρ hinzugezogen werden. Hierbei bezeichnet R die spezifische Gaskonstante des Fluids.

3.3 Grundlagen der Boltzmann-Gleichung

In diesem Abschnitt werden die wesentlichen theoretischen Grundlagen der Boltzmann-Gleichung kurz erläutert, da sie die Basis bzw. den Ursprung der Lattice-Boltzmann-Gleichung bildet. Eine ausführliche Herleitung der Boltzmann-Gleichung kann z. B. bei Schwabl [66] nachgelesen werden.

3.3.1 Verteilungsfunktion

Die Grundidee der Boltzmann-Gleichung beruht auf der statistischen Beschreibung des Verhaltens einzelner Moleküle in Fluiden. Im Gegensatz zur kinetischen Gastheorie wird allerdings nicht das Bewegungsverhalten einzelner Moleküle betrachtet, sondern zur Reduktion des Rechenaufwands werden viele Moleküle in einer Verteilungsfunktion zusammengefasst. Diese Verteilungsfunktion $f(\mathbf{x}, \boldsymbol{\xi}, t)$ beschreibt die Wahrscheinlichkeit, dass sich zur Zeit t ein Molekül am Ort $\mathbf{x}$ mit der mikroskopischen Geschwindigkeit $\boldsymbol{\xi}$ befindet.

3.3.2 Makroskopische Größen

Aus den Momenten der Verteilungsfunktion bezüglich der mikroskopischen Geschwindigkeit $\boldsymbol{\xi}$ ergeben sich die Größen, die den makroskopischen Fluidzustand charakterisieren [72]. Das Moment nullter Ordnung entspricht der Dichte ρ:

$$\rho (\mathbf{x}, t) = \int\limits_{-\infty}^{\infty} f (\mathbf{x}, \boldsymbol{\xi}, t) \, d\boldsymbol{\xi}. \tag{3.4}$$

Das Moment erster Ordnung ergibt den Impuls $\rho \mathbf{v}$:

$$\rho (\mathbf{x}, t) \, \mathbf{v} (\mathbf{x}, t) = \int\limits_{-\infty}^{\infty} \boldsymbol{\xi} f (\mathbf{x}, \boldsymbol{\xi}, t) \, d\boldsymbol{\xi}. \tag{3.5}$$

Somit kann die aus den Gln. 3.4 und 3.5 berechnete makroskopische Fluidgeschwindigkeit $\mathbf{v}$ als gewichteter Mittelwert bezüglich der mikroskopischen Teilchengeschwindigkeiten $\boldsymbol{\xi}$ anschaulich interpretiert werden.

Das Moment zweiter Ordnung, das bezüglich der Eigengeschwindigkeit der Teilchen $\boldsymbol{\zeta} = \boldsymbol{\xi} - \mathbf{v}$ gebildet wird, ergibt den Drucktensor $D_{\alpha\beta}$ für $\alpha, \beta = 1, 2$:

$$D_{\alpha\beta}\left(\mathbf{x}, t\right)) = \int\limits_{-\infty}^{\infty} \zeta_\alpha \zeta_\beta f\left(\mathbf{x}, \boldsymbol{\xi}, t\right) \mathrm{d}\boldsymbol{\xi}. \tag{3.6}$$

3.3.3 Gleichgewichtsverteilung

Im spannungsfreien Ruhezustand des Fluids, d. h. in dem Fall, dass die totale Ableitung $\frac{Df}{Dt}$ zu Null wird, nimmt die Verteilungsfunktion gerade den Wert der Gleichgewichtsverteilung an [38]. Dieser Zustand wird über die Maxwell-Verteilung beschrieben [10]:

$$f^{(0)}\left(\rho, \mathbf{v}\right) = \frac{\rho}{\left(2\pi c_s^2\right)^{d/2}} \exp\left(-\frac{\left(\boldsymbol{\xi} - \mathbf{v}\right)^2}{2c_s^2}\right). \tag{3.7}$$

Darin beschreibt c_s die Schallgewindigkeit des Fluids und d die Anzahl der Raumdimensionen.

3.3.4 Transportgleichung

Die Boltzmann-Gleichung ist eine Transportgleichung, die das zeitliche und räumliche Verhalten der Verteilungsfunktion beschreibt. Bei Vernachlässigung äußerer Kräfte $\mathbf{F}$ lautet sie:

$$\frac{\partial f}{\partial t} + \boldsymbol{\xi} \cdot \nabla f = Q\left(f, f\right). \tag{3.8}$$

$Q\left(f, f\right)$ ist hierbei das Kollisionsintegral, auf dessen Bedeutung und Modellierung im Folgenden näher eingegangen wird. Bei der Herleitung dieser Gleichung (ausführliche Beschreibung z. B. in [66]) werden folgende Annahmen getroffen:

- Es werden nur binäre Kollisionen von Molekülen berücksichtigt.

- Vor der Kollision zweier Moleküle sind deren Geschwindigkeiten nicht miteinander korreliert, d. h. es liegt ein sogenanntes molekulares Chaos vor.

- Die äußeren Kräfte $\mathbf{F}$ sind kleiner als die Kräfte, die durch Molekülkollisionen hervorgerufen werden.

3.3.5 Kollisionsintegral

Das Kollisionsintegral $Q(f, f)$ beschreibt den Stoßvorgang von zwei Fluidteilchen und tritt als Quellterm auf der rechten Seite der Boltzmann-Gleichung (Gl. 3.8) auf [11]:

$$Q(f,f) = \int_{\boldsymbol{\xi}} \int_{\Omega} \{\sigma(\Omega) |\boldsymbol{\xi} - \boldsymbol{\xi}_1| [f(\boldsymbol{\xi}')f(\boldsymbol{\xi}_1') - f(\boldsymbol{\xi})f(\boldsymbol{\xi}_1)]\} \, \mathrm{d}\Omega\boldsymbol{\xi}_1. \tag{3.9}$$

Darin bezeichnet $\sigma(\Omega)$ den Wirkungsquerschnitt bei der Kollision von zwei Molekülen, $\boldsymbol{\xi}$ und $\boldsymbol{\xi}_1$ die Molekülgeschwindigkeiten vor bzw. $\boldsymbol{\xi}'$ und $\boldsymbol{\xi}_1'$ nach dem Stoßvorgang.

3.3.6 Kollisionsinvarianten

Es kann gezeigt werden, dass das Kollisionsintegral (Gl. 3.9) genau fünf Kollisionsinvarianten $\psi_k(\boldsymbol{\xi})$ besitzt, die die Beziehung

$$\int_{\boldsymbol{\xi}} (Q(f,f) \cdot \psi_k) \, \mathrm{d}\boldsymbol{\xi} = 0 \quad k = 0, \ldots, 4 \tag{3.10}$$

erfüllen. Unter Berücksichtigung von Gl. 3.8 gilt für $k = 0, \ldots, 4$ damit [11]:

$$\int_{\boldsymbol{\xi}} \left(\frac{\partial f}{\partial t} + \boldsymbol{\xi} \cdot \nabla f \right) \psi_k \mathrm{d}\boldsymbol{\xi} = 0. \tag{3.11}$$

Hieraus ergeben sich die Kollisionsinvarianten $\psi_0 = 1$, $(\psi_1, \psi_2, \psi_3)^T = \boldsymbol{\xi}$ und $\psi_4 = \boldsymbol{\xi}^2$. Nach Einsetzen dieser Kollisionsinvarianten in Gl. 3.11 und anschließender Integration resultieren unter Berücksichtigung der Gln. 3.4 - 3.6 die aus der Kontinuumsmechanik bekannten Erhaltungsgleichungen für Masse, Impuls und Energie.

3.3.7 BGK-Approximation

Die nach Bhatnagar, Gross und Krook [2] benannte BGK-Approximation nähert das numerisch komplex zu modellierende Kollisionsintegral (Gl. 3.9) durch einen wesentlich einfacheren Ansatz an. Dieser beruht auf der Überlegung, dass sich die Verteilungsfunktion nach genügend langer Zeit an den Gleichgewichtszustand annähert und damit zur Maxwellschen Gleichgewichtsverteilung relaxiert. Der Kollisionsterm wird dabei durch

$$Q(f,f) = -\omega \left(f - f^{(0)} \right) \tag{3.12}$$

mit der Kollisionsfrequenz $\omega = \frac{1}{\tau}$, die der reziproken Relaxationszeit τ entspricht, beschrieben. Die Relaxationszeit τ charakterisiert die Zeitdauer zwischen zwei Teilchenstößen. Dadurch lässt sich die Erhaltungsgleichung 3.8 als

$$\frac{\partial f}{\partial t} + \boldsymbol{\xi} \cdot \nabla f = -\frac{1}{\tau} \left(f - f^{(0)} \right) \tag{3.13}$$

schreiben. Dieser Ansatz kann ebenfalls über die Kollisionsinvarianten (Gln. 3.10 und 3.11) auf die Erhaltungsgleichungen der Kontinuumsmechanik (Gln. 3.1 und 3.2) überführt werden.

3.3.8 Chapman-Enskog-Entwicklung

Ziel der Chapman-Enskog-Entwicklung ist es, die makroskopischen Erhaltungsgleichungen aus der Boltzmann-Gleichung herzuleiten und aus der Konsistenzbedingung Bestimmungsgleichungen für die Tranportkoeffizienten Viskosität und Wärmeleitfähigkeit zu bestimmen. Eine detaillierte Ausführung der Chapman-Enskog-Entwicklung kann z. B. in [72] und [80] gefunden werden. Bei der Chapman-Enskog-Entwicklung handelt es sich um eine asymptotische Methode. Eine wesentliche Annahme der Chapman-Enskog-Entwicklung ist, dass nur kleine Abweichungen vom thermodynamischen Gleichgewicht vorliegen, was im Falle kleiner Knudsen-Zahlen, d. h. bei der Untersuchung von Strömungen im Kontinuumsbereich, gegeben ist:

$$Kn = \frac{\lambda_g}{L} \ll 1 \qquad (3.14)$$

Dabei beschreibt die Kn-Zahl das Verhältnis von mittlerer freier Weglänge des Gases λ_g und einer charakteristischen Länge L.

3.4 Lattice-Boltzmann-Verfahren auf uniformen Rechengittern

Im Folgenden werden die Grundlagen und die Umsetzung des Lattice-Boltzmann-Verfahrens erläutert. Die Vorstellung der Modellgleichungen beschränkt sich dabei auf den zweidimensionalen Fall, da innerhalb dieser Arbeit die numerische Betrachtung des Partikeltranports und des Anlagerungsprozesses in 2D untersucht wird.

3.4.1 Diskretisierung des BGK-Modells

Um die Lattice-Boltzmann-Gleichung aus der Boltzmann-Gleichung ableiten zu können, sind verschiedene Diskretisierungsschritte notwendig [26]. Zunächst werden diskrete mikroskopische Geschwindigkeiten $\boldsymbol{\xi}_i$, die einen diskreten Geschwindigkeitsraum aufspannen, eingeführt. Damit kann die kontinuierliche Verteilungsfunktion $f(\mathbf{x}, \boldsymbol{\xi}, t)$ durch die diskrete Verteilungsfunktionen $f_i(\mathbf{x}, t) = f(\mathbf{x}, \boldsymbol{\xi}_i, t)$, wobei der Index i die jeweilige Raumrichtung der diskreten Geschwindigkeit angibt, approximiert werden. Dadurch erhält man die im Geschwindigkeitsraum diskrete Boltzmann-Gleichung:

$$\frac{\partial f_i}{\partial t} + \boldsymbol{\xi}_i \cdot \nabla f_i = -\omega \left(f_i - f_i^{(0)} \right). \qquad (3.15)$$

Die zeitliche und die örtliche Ableitung der Gl. 3.15 kann nun mit einem Finite-Differenzen-Schema approximiert werden. Für die Zeitableitung ergibt sich:

$$\frac{\partial f_i}{\partial t} \approx \frac{f_i\left(t + \Delta t, \mathbf{x}\right) - f_i\left(t, \mathbf{x}\right)}{\Delta t}. \qquad (3.16)$$

Der advektive Transportterm kann folgendermaßen angenähert werden:

$$\boldsymbol{\xi}_i \cdot \nabla f_i \approx c \frac{f_i\left(t + \Delta t, \mathbf{x} + \mathbf{e}_i \Delta x\right) - f_i\left(t, \mathbf{x}\right)}{\Delta x}. \qquad (3.17)$$

Dabei wird $\boldsymbol{\xi}_i$ gerade so gewählt, dass

$$\boldsymbol{\xi}_i = c\,\mathbf{e}_i. \tag{3.18}$$

gilt. Hierbei bezeichnet c die Ausbreitungsgeschwindigkeit mit

$$c = \frac{\Delta x}{\Delta t} \tag{3.19}$$

und $\mathbf{e}_i$ die Einheitsvektoren, die den in Abb. 3.1 skizzierten zweidimensionalen Geschwindigkeitsraum des D2Q9-Modells aufspannen:

$$\mathbf{e}_i \in \left\{ \begin{pmatrix} 0 \\ 0 \end{pmatrix}, \begin{pmatrix} 1 \\ 0 \end{pmatrix}, \begin{pmatrix} 1 \\ 1 \end{pmatrix}, \begin{pmatrix} 0 \\ 1 \end{pmatrix}, \begin{pmatrix} -1 \\ 1 \end{pmatrix}, \begin{pmatrix} -1 \\ 0 \end{pmatrix}, \begin{pmatrix} -1 \\ -1 \end{pmatrix}, \begin{pmatrix} 0 \\ -1 \end{pmatrix}, \begin{pmatrix} 1 \\ -1 \end{pmatrix} \right\}. \tag{3.20}$$

Die Modellbezeichnung nach dem Prinzip $DkQb$ geht auf Qian [60] zurück. Darin bezeichnet k die Anzahl der Raumdimensionen und b die Anzahl der Raumrichtungen des diskreten Geschwindigkeitsvektors ξ_i.

In einem letzten Schritt werden die Gln. 3.16 und 3.17 in die Gl. 3.15 eingesetzt und mit Δt multipliziert. Bei äquidistanten Berechnungsgittern in dimensionsloser Betrachtungsweise ($\Delta x = 1$ und $\Delta t = 1$) folgt daraus die vollständig diskretisierte Lattice-Boltzmann-Gleichung:

$$f_i\left(t+1, \mathbf{x} + \mathbf{e}_i\right) - f_i\left(t, \mathbf{x}\right) = -\frac{1}{\tau}\left(f_i\left(t, \mathbf{x}\right) - f_i^{(0)}\left(t, \mathbf{x}\right)\right). \tag{3.21}$$

Die Relaxationszeit τ lässt sich in Abhängigkeit von der kinematischen Viskosität ν durch

$$\tau = 3\left(\frac{\nu}{c^2} + \frac{\Delta t}{6}\right) \tag{3.22}$$

bestimmen.

3.4.2 Gleichgewichtsverteilung

Zur Berechnung des Kollisionsterms nach dem BGK-Ansatz ist eine Bestimmung der diskreten Gleichgewichtsverteilungen $f_i^{(0)}$ bezüglich der diskreten Geschwindigkeiten $\boldsymbol{\xi}_i$ erforderlich. Mittels einer Taylor-Reihenentwicklung der Maxwell-Verteilung (Gl. 3.7) wird die diskrete Gleichgewichtsverteilung unter der Voraussetzung kleiner Ma-Zahlen zu [6]:

$$f_i^{(0)} = \omega_i \rho \left(1 + \frac{\boldsymbol{\xi}_i \cdot \mathbf{v}}{c_s^2} + \frac{1}{2}\frac{(\boldsymbol{\xi}_i \cdot \mathbf{v})^2}{c_s^2} - \frac{1}{2}\frac{\mathbf{v}^2}{c_s^2}\right). \tag{3.23}$$

Für die Wichtungsfaktoren ω_i werden im D2Q9-Modell für die jeweiligen Raumrichtungen folgende Werte angenommen:

$$\omega_i = \begin{cases} \frac{4}{9} & i = 0 \\ \frac{1}{9} & i = 1, 3, 5, 7 \\ \frac{1}{36} & i = 2, 4, 6, 8 \end{cases}. \tag{3.24}$$

3.4.3 Makroskopische Größen

Die Berechnung von Dichte und Impuls unter Verwendung der diskreten Verteilungsfunktionen f_i erfolgt entsprechend der Definition der makroskopischen Größen für die kontinuierliche Verteilungsfunktion f (Abschnitt 3.3.2):

Dabei gilt für die Dichte:

$$\rho(\mathbf{x}, t) = \sum_{i=0}^{8} f_i(\mathbf{x}, t) = \sum_{i=0}^{8} f_i^{(0)}(\mathbf{x}, t) \tag{3.25}$$

und für den Impuls:

$$\rho(\mathbf{x}, t)\,\mathbf{v}(\mathbf{x}, t) = \sum_{i=0}^{8} \boldsymbol{\xi}_i f_i(\mathbf{x}, t) = \sum_{i=0}^{8} \boldsymbol{\xi}_i f_i^{(0)}(\mathbf{x}, t). \tag{3.26}$$

3.4.4 Numerische Umsetzung

Zur numerischen Lösung des expliziten Schemas der diskretisierten Lattice-Boltzmann-Gleichung (Gl. 3.21) wird diese Gleichung in zwei hintereinander auszuführende Teilschritte aufgeteilt, dem Kollisionsschritt

$$f_i^{+}(t, \mathbf{x}) = f_i(t, \mathbf{x}) - \frac{1}{\tau}\left(f_i(t, \mathbf{x}) - f_i^{(0)}(t, \mathbf{x})\right) \tag{3.27}$$

und dem Propagationsschritt

$$f_i(t+1, \mathbf{x} + \mathbf{e}_i) = f_i^{+}(t, \mathbf{x}). \tag{3.28}$$

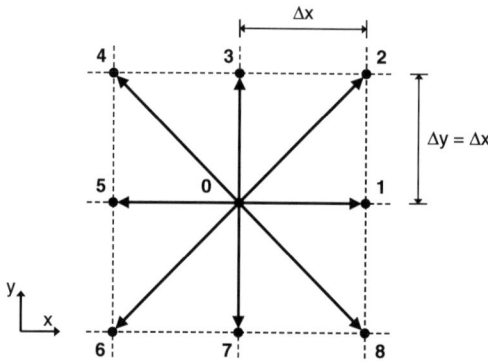

Abbildung 3.1: Diskretisierung der Verteilungsfunktion im Phasenraum (D2Q9)

Dieses numerische Schema genügt der Vorstellung, dass die in Verteilungsfunktionen zusammengefassten Moleküle auf den Gitterpunkten zunächst miteinander kollidieren und anschließend aufgrund der Impulsänderung entlang des diskreten Geschwindigkeitsraums propagieren. Dieses explizite Verfahren wird grundsätzlich zur Berechnung transienter Strömungsfelder verwendet. Zur Berechnung quasistationärer Strömungsfelder wird der Iterationszyklus aus Kollisions- und Propagationsschritt solange wiederholt, bis die zeitliche lokale Änderung der Verteilungsfunktionen und damit auch der makroskopischen Größen Dichte und Impuls im gesamten Rechengebiet unterhalb eines vorgegebenen Zielwerts (Konvergenzkriterium) liegt.

3.5 Lattice-Boltzmann-Verfahren auf nicht-uniformen Rechengittern

Innerhalb dieses Abschnitts werden zunächst die Grenzen des äquidistanten Ansatzes des Lattice-Boltzmann-Verfahren aufgezeigt, die die Erweiterung des Verfahrens zur Berechnung von Strömungsfeldern auf nicht-äquidistanten adaptiven Rechengittern motivieren. Anschließend wird auf Basis der oben erläuterten Grundlagen des Lattice-Boltzmann-Verfahrens hier insbesondere auf die Besonderheiten bei der numerischen Umsetzung des Verfahrens auf nicht-äquidistanten Rechengittern eingegangen.

3.5.1 Motivation

Eine detaillierte und somit numerisch hochaufgelöste Beschreibung des Anlagerungsprozesses und der Anlagerungsstrukturen erfordert im wandnahen Bereich eine sehr feine Gitterauflösung. Eine äquidistante Diskretisierung des Strömungsfelds mit Hilfe des bisher beschriebenen Modellansatzes hat zur Konsequenz, dass diese hohe Auflösung der oberflächennahen Bereiche für das gesamte Strömungsgebiet verwendet werden muss. Dadurch entstehen zwei entscheidende Nachteile:

1. Ein sehr hoher numerischer Aufwand, da auch Bereiche mit geringer strömungstechnischer Relevanz und Komplexität initial sehr fein aufgelöst werden müssen.

2. Ein sehr hoher Speicherplatzbedarf und damit eine erhebliche Einschränkung bezüglich der maximalen Größe des Berechnungsgebiets.

Um die Flexibilität bzw. die Leistungsfähigkeit des Rechenprogramms zu erhöhen, sind zwei alternative Ansätze denkbar. Durch eine Parallelisierung des Codes wird das Berechnungsgebiet entsprechend der Anzahl der verwendeten Prozessoren in möglichst gleich große Gebiete unterteilt [56]. Das Lattice-Boltzmann-Verfahren ist hierfür aufgrund der kartesischen Gitterstruktur besonders gut geeignet. Zusätzlich ist der numerische Aufwand für die Übergabe der Informationen zwischen zwei Teilgebieten gering, da an den jeweiligen Gebietsgrenzen nur die entsprechenden Verteilungsfunktionen ausgetauscht werden müssen. Der Nachteil dieses Ansatzes ist, dass die Einschränkung bezüglich der maximalen Größe des Rechengebiets bzw. der Gitterauflösung nur durch einen extrem hohen Parallelisierungsgrad aufgehoben werden kann. Dies kann an folgendem Beispiel verdeutlicht werden:

Um in einem dreidimensionalen Raum die räumliche Ausdehnung des Rechengebiets in allen Raumrichtungen bei gleicher Ortsdiskretisierung zu verdoppeln (verdreifachen), müssen bereits 8 (27) Prozessoren parallel verwendet werden. Bei der Programmentwicklung wird hier das Konzept der Parallelisierung nicht weiter verfolgt.

Im Rahmen dieser Arbeit wird das Lattice-Boltzmann-Verfahren zur Berechnung von Strömungen auf abschnittsweise kartesischen (nicht-äquidistanten) Gittern mit adaptiver Gitteranpassung erweitert. Indikatoren, die eine adaptive lokale Gitterverfeinerung auslösen, sind auf der Oberfläche deponierte Partikel. Die theoretischen Hintergründe bzw. die Umsetzung des Multiskalen-Verfahrens werden im Folgenden beschrieben.

3.5.2 Konventionen

Zunächst werden einige Konventionen und Bezeichnungen eingeführt, die im Weiteren zur Beschreibung des Lattice-Boltzmann-Verfahrens auf nicht-äquidistanten Gittern verwendet werden ([11], [17], [70]). Dazu ist in Abb. 3.2 ein Ausschnitt des Rechengitters am Übergang zwischen zwei Diskretisierungsebenen dargestellt. Dabei ist zu beachten, dass sich die räumliche Gitterauflösung zwischen zwei benachbarten Diskretisierungsebenen jeweils um den Faktor zwei unterscheidet. Die kleinen ausgefüllten Kreise kennzeichnen dabei die Knoten des feinen und die großen Kreise die Knoten des groben Gitters. Im Übergangsbereich zwischen zwei unterschiedlich räumlich diskretisierten Gebieten existiert eine Region, die im Folgenden als Interface bezeichnet wird. In diesem Bereich überlappen sich die beiden

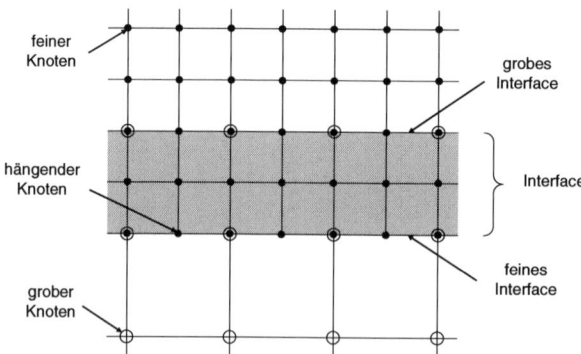

Abbildung 3.2: Bezeichnungen der unterschiedlichen Teilbereiche des Rechengitters am Interface, das den Übergang zwischen zwei Diskretisierungsebenen darstellt.

Gitter. Dies bedeutet, dass in Normalenrichtung zum Interface zwei Zellen des feinen Rechengitters einer Zelle des groben Rechengitters überlagert werden. Daraus resultiert, dass im Bereich des Interfaces an den Positionen der groben Knoten zusätzlich ein feiner Knoten existiert. Diese Eigenschaft wird im Weiteren dazu verwendet, den numerischen Informationsaustausch zwischen den unterschiedlichen Gitterebenen zu realisieren. Weiterhin wird ein grobes und ein feines Interface definiert. Das grobe Interface beschreibt den äußeren Rand des groben Rechengitters und ragt um eine grobe Zellschicht in das feine Gitter hinein. Analog dazu stellt das feine Interface die äußere Grenze des feinen Rechengitters dar und ragt um zwei feine Zellschichten in das grobe Gitter hinein. Auf dem feinen Interface gibt es neben den vom groben und feinen Gitter doppelt besetzten Knoten auch hängende Knoten, die eine gesonderte Behandlung erfordern.

3.5.3 Konsistenzbedingungen

Für das Lattice-Boltzmann-Verfahren auf nicht-äquidistantem Rechengittern gelten die im vorangegangen Abschnitt 3.4 erläuterten Grundlagen. Um das Verfahren an Gitter mit lokal unterschiedlichen Diskretisierungen anzupassen, müssen einige zusätzliche Maßnahmen getroffen werden. Auf diese Modifikationen und den zusätzlichen numerischen Aufwand am Gitterübergang wird im Folgenden näher eingegangen.

Ausbreitungsgeschwindigkeit

Zunächst muss sichergestellt sein, dass die Schallgeschwindigkeit c_s des Fluids im gesamten Berechnungsraum konstant ist. Für das numerische Verfahren bedeutet dies, dass die Ausbreitungsgeschwindigkeit c von Störungen im gesamten Rechengebiet unabhängig von der lokalen Ortsdiskretisierung konstant sein muss. Nach einer Entdimensionierung gilt damit:

$$c = \frac{\Delta x_n}{\Delta t_n} = 1. \tag{3.29}$$

Dabei bezeichnet der Index n die jeweilige Diskretisierungsebene. Im Weiteren wird durch Δx_0 und Δt_0 die Orts- bzw. Zeitschrittweite des gröbsten Rechengitters bezeichnet. Aus Gl. 3.29 wird deutlich, dass unter der Berücksichtigung der Übergangsbedingungen für zwei direkt benachbarte Gitterebenen ($\Delta x_{n+1} = 0{,}5\Delta x_n$) für die jeweiligen Zeitschrittweiten

$$\frac{\Delta t_n}{\Delta t_{n+1}} = \frac{\Delta x_n}{\Delta x_{n+1}} = 2 \tag{3.30}$$

gilt. Dies hat zur Konsequenz, dass im Beispiel von Abb. 3.2 während eines Zeitschritts auf dem groben Gitter zwei Zeitschritte auf dem feinen Gitter durchgeführt werden müssen.

Relaxationszeit

Für die kinematische Viskosität ν als physikalische Stoffeigenschaft gilt ebenfalls, dass sie im gesamten Rechengebiet konstant ist. Aus Gl. 3.22 folgt:

$$\nu = c^2 \left(\frac{2\tau_n - \Delta t_n}{6} \right). \tag{3.31}$$

Daraus ergibt sich, dass die Relaxationszeit τ_n eine lokale Größe ist, die über den Zusammenhang

$$\tau_n = 3 \left(\frac{\nu}{c^2} + \frac{\Delta t_n}{6} \right) \tag{3.32}$$

von der lokalen Zeitschritt- bzw. Gitterweite abhängig ist.

Lattice-Boltzmann-Gleichung

Mit diesen Vorgaben kann die Lattice-Boltzmann-Gleichung in der nicht-äquidistanten Form formuliert werden. In Abhängigkeit von der Diskretisierungsebene n ergibt sich:

$$f_{i,n}(t + \Delta t_n, \mathbf{x} + \mathbf{e_i}\Delta t_n) - f_{i,n}(t, \mathbf{x}) = -\frac{\Delta t_n}{\tau_n} \left(f_{i,n}(t, \mathbf{x}) - f_{i,n}^{(0)}(t, \mathbf{x}) \right). \tag{3.33}$$

Gitterübergangsbedingungen

Aus physikalischen Gründen muss an den Gitterübergängen die Kontinuität der makroskopischen Größen Dichte und Impuls gewährleistet werden. Daraus resultiert, dass die Gleichgewichtsverteilungen unabhängig von der Gitterebene sind (Gln. 3.25 und 3.26):

$$f_{i,n}^{(0)} = f_i^{(0)} \quad \text{für} \quad n = 0 \ldots N - 1. \tag{3.34}$$

Dabei bezeichnet N die Gesamtanzahl der Gitterstufen. Darüber hinaus muss sicher gestellt werden, dass die örtlichen Ableitungen der makroskopischen Strömungsgrößen über das Interface hinweg stetig differenzierbar sind. Diese Bedingung wird im weiteren Verlauf bei der Beschreibung des numerischen Verfahrens am Interface berücksichtigt.

3.5.4 Numerisches Verfahren am Interface

Die Knoten am Interface zwischen dem groben und feinen Gitter erfordern neben dem standardmäßigen Propagations- und Kollisionsschritt (siehe Kap. 3.4.4) zusätzliche numerische Operationen. Insbesondere sind verschiedene Interpolations- und Skalierungsschritte auf dem groben und feinen Interface notwendig. Diese werden im Folgenden für die drei gesondert zu behandelnden Knotentypen am Interface anhand konkreter Beispiele erläutert:

- feine Knoten auf dem feinen Interface
- grobe Knoten auf dem groben Interface
- hängende Knoten auf dem feinen Interface

Feine Knoten auf dem feinen Interface

An diesen Knoten liegt das Problem vor, dass verschiedene Verteilungsfunktionen durch Propagation nicht aktualisiert werden können, da in benachbarter komplementärer Richtung kein feiner Knoten vorliegt. Das Beispiel in Abb. 3.3 zeigt dies exemplarisch für einen feinen Knoten. Hier können die Verteilungsfunktionen f_2, f_3 und f_4 zum Zeitpunkt $t + \Delta t$ nicht durch Propagation bestimmt werden. Allerdings liegt am gleichen Ort zusätzlich noch ein grober Knoten vor, der nach dem Propagationsschritt über einen kompletten Satz an Verteilungsfunktionen verfügt. Mit Hilfe einer Skalierung können die fehlenden Verteilungsfunktionen am feinen Knoten aus diesem groben Knoten rekonstruiert werden. In [11] ist eine Herleitung der Skalierungsvorschrift dargestellt. Dieser Herleitung liegt zu Grunde, dass die Ortsableitungen der makroskopischen Größen und der Spannungen am Interface stetig differenzierbar sein müssen. Dadurch ergibt sich für den Skalierungsfaktor σ_{gf} zur Skalierung der Verteilungssets von einem groben auf einen feinen Knoten:

$$\sigma_{gf} = \frac{3\nu + 0{,}5\Delta t_f}{3\nu + 0{,}5\Delta t_g}. \tag{3.35}$$

Die Indizes f und g kennzeichnen die Zugehörigkeit der Verteilungsfunktion f_i zum lokal feineren bzw. gröberen Rechengitter. Mit dem Zusammenhang

$$f_{i,f} = f_{i,g}^{(0)} + \sigma_{gf} f_{i,g}^{(1)} \tag{3.36}$$

kann nun die feine Verteilungsfunktion rekonstruiert werden. Darin beschreibt $f_{i,g}^{(1)}$ den Nichtgleichgewichtsanteil der groben Verteilungsfunktion, der zu $f_{i,g}^{(1)} = f_{i,g} - f_{i,g}^{(0)}$ definiert ist. Eingesetzt in die Gl. 3.36 ergibt sich:

$$f_{i,f} = f_{i,g}^{(0)} + \sigma_{gf} \left(f_{i,g} - f_{i,g}^{(0)} \right). \tag{3.37}$$

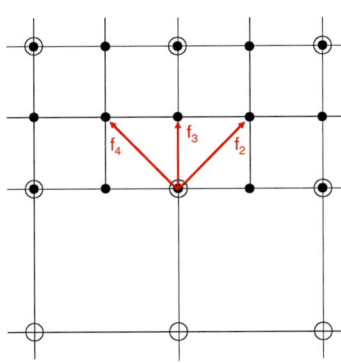

Abbildung 3.3: Darstellung fehlender Geschwindigkeitsrichtungen der Verteilungsfunktionen für feine Knoten auf dem feinen Interface.

Grobe Knoten auf dem groben Interface

Bei den groben Knoten auf dem groben Interface werden ebenfalls verschiedene Verteilungsfunktionen aufgrund fehlender Nachbarknoten durch Propagation nicht aktualisiert (Abb. 3.4). Entsprechend der Vorgehensweise bei der Skalierung der Verteilungsfunktionen von den groben auf die feinen Knoten wird hier in entgegengesetzter Richtung skaliert. Für den Skalierungsfaktor σ_{fg} zur Skalierung der Verteilungssets von einem feinen auf einen groben Knoten gilt:

$$\sigma_{fg} = \frac{1}{\sigma_{gf}} = \frac{3\nu + 0{,}5\Delta t_g}{3\nu + 0{,}5\Delta t_f}. \tag{3.38}$$

Als Vorschrift für die Skalierung der Verteilungsfunktionen ergibt sich damit:

$$f_{i,g} = f_{i,f}^{(0)} + \sigma_{fg}f_{i,f}^{(1)} = f_{i,f}^{(0)} + \sigma_{fg}\left(f_{i,f} - f_{i,f}^{(0)}\right). \tag{3.39}$$

Hängende Knoten auf dem feinen Interface

Bei den hängenden Knoten stellt sich wieder das Problem, dass nach dem Propagationsschritt einige Richtungen des Verteilungssets nicht erneuert werden (Abb. 3.5). Im Unterschied zu den oben diskutierten feinen Knoten auf dem feinen Interface liegen an den hängenden Knoten keine entsprechenden groben Knoten vor, deren Verteilungsfunktionen über eine Skalierung zur Rekonstruktion der Verteilungsfunktionen genutzt werden können. Aus diesem Grund werden die fehlenden Verteilungsfunktionen durch eine räumliche Interpolation basierend auf dem Lagrangeschen Interpolationspolynom berechnet:

$$p(\mathbf{x}) = \sum_{i=0}^{n} f_i \prod_{k=0, k\neq i}^{n} \frac{\mathbf{x} - \mathbf{x}_k}{\mathbf{x}_i - \mathbf{x}_k}. \tag{3.40}$$

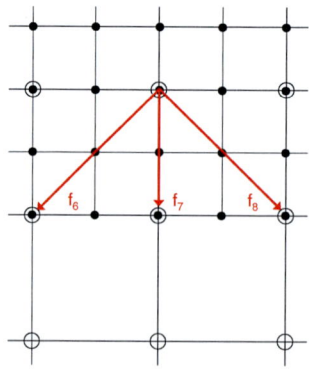

Abbildung 3.4: Darstellung fehlender Geschwindigkeitsrichtungen der Verteilungsfunktionen für grobe Knoten auf dem groben Interface.

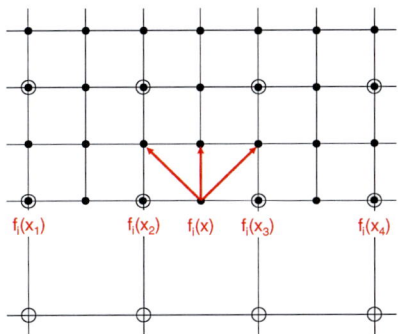

Abbildung 3.5: Darstellung fehlender Geschwindigkeitsrichtungen der Verteilungsfunktionen für hängende Knoten auf dem feinen Interface und für die Rauminterpolation erforderlicher Nachbarknoten.

Es hat sich gezeigt, dass eine kubische Rauminterpolation ($n = 3$) einen guten Kompromiss aus numerischem Aufwand und Genauigkeit darstellt [11]. Somit ergibt sich aus Gl. 3.40:

$$f_i(\mathbf{x}) = -\frac{1}{16} f_i(\mathbf{x_1}) + \frac{9}{16} f_i(\mathbf{x_2}) + \frac{9}{16} f_i(\mathbf{x_3}) - \frac{1}{16} f_i(\mathbf{x_4}). \tag{3.41}$$

Liegt der hängende Knoten allerdings, wie in Abb. 3.6 dargestellt, in direkter Nachbarschaft zu einer Wand, kann diese Interpolationsvorschrift nicht genutzt werden, da nicht alle der erforderlichen Nachbarfluidknoten existieren. Die fehlenden Verteilungsfunktionen werden in diesem Fall aus einer Kombination von Inter- und Extrapolation der makroskopischen Größen bzw. der Verteilungsfunktionen ermittelt. Dabei sind folgende Teilschritte

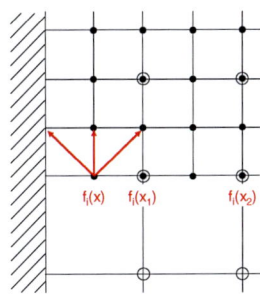

Abbildung 3.6: Interpolation der Verteilungsfunktionen für wandnahe hängende Knoten.

notwendig:

1. Da die Dichte ρ direkt auf der Wand nicht definiert ist, wird sie zunächst virtuell durch Extrapolation bestimmt:

$$\rho(\mathbf{x}) = \frac{3}{2}\rho(\mathbf{x}_1) - \frac{1}{2}\rho(\mathbf{x}_2). \tag{3.42}$$

2. Auf der Wand gilt die Haftbedingung, d. h. die Geschwindigkeit wird zu Null. Die Geschwindigkeit auf dem hängenden Knoten kann somit durch lineare Interpolation bestimmt werden:

$$\mathbf{v}(\mathbf{x}) = \frac{1}{2}\mathbf{v}(\mathbf{x}_1). \tag{3.43}$$

3. Bezüglich der so ermittelten Dichte und Geschwindigkeit am hängenden Knoten wird mit Gl. 3.23 die Gleichgewichtsverteilung $f_i^{(0)}(\mathbf{x})$ bestimmt.

4. Anschließend werden die Nichtgleichgewichtsanteile der Verteilungsfunktion auf den hängenden Knoten extrapoliert:

$$f_i^{(1)}(\mathbf{x}) = \frac{3}{2}f_i^{(1)}(\mathbf{x}_1) - \frac{1}{2}f_i^{(1)}(\mathbf{x}_2). \tag{3.44}$$

5. Durch Addition des Gleichgewichts- und des Nichtgleichgewichtsanteils können nun die fehlenden Verteilungsfunktionen am hängenden Knoten rekonstruiert werden:

$$f_i(\mathbf{x}) = f_i^{(0)}(\mathbf{x}) + f_i^{(1)}(\mathbf{x}). \tag{3.45}$$

Ablaufsteuerung

In den vorangegangenen Abschnitten wurden die wesentlichen Berechnungsgrundlagen des Lattice-Boltzmann-Verfahrens auf einem nicht-uniformen, abschnittsweise äquidistanten Rechenitter und die spezielle Behandlung der Rechenknoten auf dem Interface vorgestellt.

Im Folgenden wird erläutert, wie diese Teilschritte zum Gesamtverfahren kombiniert werden. Abb. 3.7 zeigt das Ablaufdiagramm des numerischen Verfahrens für einen Zeitschritt Δt_g auf dem groben Gitter am Beispiel eines Modellproblems auf zwei Diskretisierungsebenen.

Von zentraler Bedeutung ist dabei, dass bei diesem Algorithmus die einzelnen numerischen Teilaufgaben in chronologisch richtiger Reihenfolge abgearbeitet werden. Zu Beginn eines Zeitschritts wird auf allen groben und feinen Knoten des Rechengebiets ein Kollisions- und ein Propagationsschritt durchgeführt. Dadurch liegen nun die Verteilungsfunktionen $f_{i,g}$ auf den Knoten des groben Gitters zum Zeitpunkt $t + \Delta t_g$ vor, die Verteilungsfunktionen $f_{i,f}$ des feinen Gitters allerdings erst zum Zeitpunkt $t + \Delta t_f$. Wie im vorangegangenen Abschnitt beschrieben wurde, können durch die Propagation auf dem feinen Interface nicht alle Richtungen des Verteilungssets aktualisiert werden, da in komplementärer Propagationsrichtung kein feiner Knoten vorliegt, von dem ein neuer Wert der Verteilungsfunktion zur Verfügung gestellt werden kann. Für die fehlenden Verteilungsfunktionen dieser Knoten wird nun eine Skalierung der Verteilungsfunktion des groben Gitters durchgeführt (Gln. 3.35 und 3.37). Dies hat zur Folge, dass an diesen Knoten nun das komplette Verteilungsset vorliegt. Allerdings liegen zum Zeitpunkt $t + \Delta t_g$ schon die skalierten Werte vor und müssen deshalb anschließend zeitlich auf den Zeitpunkt $t + \Delta t_f$ interpoliert werden:

$$f_{i,f}(\mathbf{x}, t + \Delta t_f) = \frac{1}{2}\left(f_{i,f}(\mathbf{x}, t) + f_{i,f}(\mathbf{x}, t + \Delta t_g)\right). \tag{3.46}$$

Die fehlenden Verteilungsfunktionen an den hängenden Knoten können im nächsten Schritt durch eine kubische Interpolationen aus den Werten der benachbarten feinen Knoten gewonnen werden (Gl. 3.41). Danach liegen auf allen Knoten des feinen Gitters komplette Sätze der Verteilungsfunktionen zum Zeitpunkt $t + \Delta t_f$ vor. Somit kann nun auf dem fei-

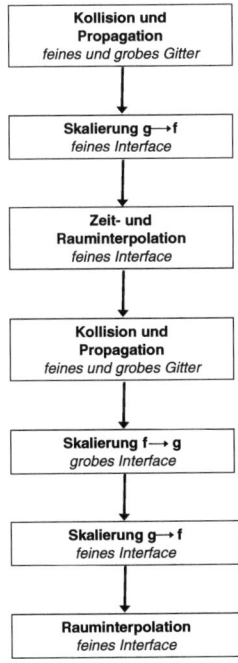

Abbildung 3.7: Ablaufsteuerung des Lattice-Boltzmann-Verfahrens auf einem Rechengitter mit zwei unterschiedlichen Diskretisierungsebenen.

nen Gitter der nächste Kollisions- und Propagationsschritt durchgeführt werden. Es müssen im Nachgang wiederum die Knoten auf dem feinen Interface und die hängenden Knoten durch Skalierung und räumliche Interpolation um die fehlenden Verteilungsfunktionen ergänzt werden. Auf eine zeitliche Interpolation kann nun verzichtet werden, da die Verteilungsfunktionen des groben und des feinen Gitters auf dem richtigen Zeitniveau vorliegen $(t + \Delta t_g = t + 2\Delta t_f)$. Nachdem nun alle Knoten auf dem feinen Gitter zum neuen Zeitpunkt $t + \Delta t_g$ aktualisiert wurden, müssen im letzten Schritt die fehlenden Verteilungsfunktionen der groben Knoten auf dem groben Interface durch Skalierung ausgehend von den feinen Knoten rekonstruiert werden (Gln. 3.38 und 3.39). Nun sind die Verteilungsfunktionen auf dem groben und feinen Gitter aktualisiert und der nächste Zeitschritt kann beginnen.

3.6 Anfangs- und Randbedingungen

Zur Lösung der diskretisierten Lattice-Boltzmann-Gleichung ist die Vorgabe einer Anfangsbedingung im gesamten Berechnungsgebiet sowie die Formulierung von Randbedingungen an dessen Rändern erforderlich. Bei anderen numerischen Verfahren kann dies häufig direkt unter Vorgabe von makroskopischen Größen wie z. B. Massenstrom, Geschwindigkeitsprofil oder Druckverlauf erfolgen. Da beim Lattice-Boltzmann-Verfahren die Transportgröße die diskrete Verteilungsfunktion ist und die makroskopischen Größen in der Bilanzgleichung nicht explizit auftreten, werden Modelle benötigt, um die erforderlichen Bedingungen dennoch geeignet formulieren zu können.

3.6.1 Anfangsbedingungen

Vor Beginn der numerischen Berechnung müssen im gesamten Strömungsfeld Startwerte für die Verteilungsfunktion definiert werden. Dazu werden hier auf allen Fluidknoten Werte für die Geschwindigkeit $\mathbf{v}$ und die Dichte ρ vorgegeben. Bezüglich diesen makroskopischen Größen werden die diskreten Gleichgewichtsfunktionen $f_i^{(0)}$ (Gl. 3.23) im gesamten Berechnungsgebiet gebildet. Da im Allgemeinen die Lösung des initialen Strömungsfelds nicht bekannt ist, wird das Strömungsfeld häufig mit einer mittleren Geschwindigkeit und Dichte initialisiert. Bei komplexen Problemen kann die Wahl der Anfangsbedingungen allerdings maßgeblich das Konvergenzverhalten der numerischen Berechnung beeinflussen. Verschiedene Ansätze und ihre Stärken und Schwächen zur Wahl von Anfangsbedingungen werden z. B. in den Arbeiten von Caiazzo [9], Skordos [68] oder Mei et al. [47] diskutiert.

3.6.2 Wandrandbedingung

An einer ruhenden Wand muss die Haftbedingung gelten, d. h. die Geschwindigkeitskomponenten tangential und normal zur Wand werden Null. Zur Umsetzung dieser Randbedingung hat sich bei der Lattice-Boltzmann-Methode das sogenannte Bounce-Back-Schema etabliert. Die Idee dieses Schemas ist, dass Verteilungsrichtungen, die im Propagations-schritt auf eine Wand stoßen, reflektiert werden. Ist der Abstand vom Fluidknoten zur Wand genau $\Delta x/2$, kann das Standard-Bounce-Back-Schema verwendet werden (Abb. 3.8):

$$f_i(\mathbf{x}, t + \Delta t) = f_i'(\mathbf{x} - \boldsymbol{\xi}_i \Delta t, t). \tag{3.47}$$

In dieser Gleichung beschreibt f_i' die diskrete zu reflektierende Komponente der Vertei-lungsfunktion vor dem Propagationsschritt. Für das Beispiel (Abb. 3.8) bedeutet dies:

$$f_6' \longrightarrow f_2 \qquad f_7' \longrightarrow f_3 \qquad f_8' \longrightarrow f_4.$$

Wesentlicher Vorteil dieser einfachen Randbedingung ist ihre numerische Stabilität und Anwendbarkeit bei komplexen Geometrien. Darüber hinaus bleibt die Konvergenzordnung des Lattice-Boltzmann-Verfahrens bei Verwendung dieser Randbedingung von 2. Ordnung.

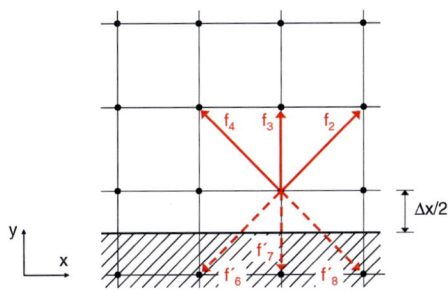

Abbildung 3.8: Bounce-Back-Schema (Standard-Verfahren).

Wird jedoch das Berechnungsgitter während der Laufzeit im Wandbereich adaptiv verfei-nert, tritt das in Abb. 3.9 skizzierte Problem auf. Vor der Verfeinerung beträgt der Abstand des wandnächsten Fluidknotens zur Wand genau $\Delta x/2$. Die Verfeinerung führt zur Vierte-lung einer Gitterzelle. Unter der Voraussetzung, dass die Lage der Wand konstant bleibt, beträgt nach dem Verfeinerungsschritt der Abstand zwischen Fluidknoten und Wand jetzt Δx. Das Standard-Bounce-Back-Verfahren kann in diesem Fall nicht mehr angewendet werden.

Für beliebige Wandabstände existiert ein modifiziertes Bounce-Back-Schema. Der Ansatz, der auf einer räumlichen Interpolation der Verteilungsfunktionen beruht, wird z. B. in [5] näher erläutert. Für den Grenzfall, dass der Abstand genau Δx beträgt (Abb. 3.10), kann

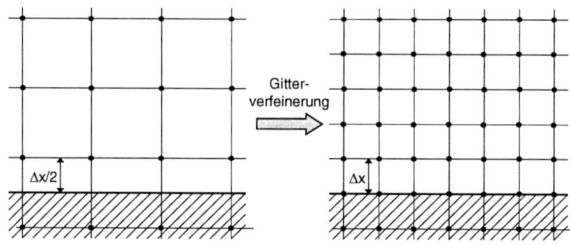

Abbildung 3.9: Standard-Bounce-Back-Schema mit adaptiver Gitterverfeinerung (links: vor Gitterverfeinerung; rechts: nach Gitterverfeinerung).

durch eine räumliche Interpolation zweiter Ordnung die reflektierte Verteilungsfunktion ermittelt werden:

$$f_i(\mathbf{x}, t + \Delta t) = \frac{1}{3} f_i'(\mathbf{x}, t) + f_i(\mathbf{x}, t) - \frac{1}{3} f_i(\mathbf{x} + \boldsymbol{\xi}_i \Delta t, t). \tag{3.48}$$

Im Beispiel (Abb. 3.10) ist diese Interpolation für die Verteilungsfunktion f_4 möglich. Für die Richtung f_2 ist das Bounce-Back-Schema nur durch lineare Interpolation anwendbar, da der Knoten in translatorischer Richtung auf der Wand liegt und somit die Verteilungsfunktion $f_i(\mathbf{x} + \boldsymbol{\xi}_i \Delta t, t)$ dort nicht definiert ist. In diesem Fall reduziert sich die Interpolation zweiter Ordnung aus Gl. 3.48 zu einer Interpolation erster Ordnung:

$$f_i(\mathbf{x}, t + \Delta t) = \left(f_i'(\mathbf{x}, t) + f_i(\mathbf{x}, t) \right) / 2. \tag{3.49}$$

Durch diese Modifikation der Wandrandbedingung stellt das sich während eines Simulationslaufs ändernde adaptive Rechengitter kein Problem mehr dar. Abb. 3.11 zeigt für diese modifizierte Randbedingung die Gitterkonstellation vor und nach der Gitteradaption. Der Wandabstand entspricht jetzt jeweils der Kantenlänge der lokalen Gitterschrittweite.

3.6.3 Einlassrandbedingung

Im Rahmen dieser Arbeit wird am Einlass eine Randbedingung benötigt, mit der eine Geschwindigkeitsverteilung $\mathbf{v}_E$ auf diesem Rand vorgegeben werden kann. Numerisch wird diese Bedingung als bewegte Wand umgesetzt. Die Randbedingung setzt sich aus zwei Teilen zusammen. Den ersten Teil bildet das modifizierte Bounce-Back-Schema aus den Gln. 3.48 und 3.49. Dazu wird ein zweiter Teil Δf_i als Quellterm hinzugefügt, der die

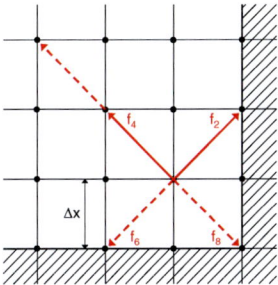

Abbildung 3.10: Bounce-Back-Schema (modifiziertes Verfahren).

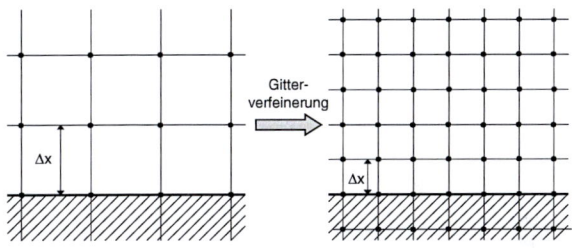

Abbildung 3.11: Modifiziertes Bounce-Back-Schema nach adaptiver Gitterverfeinerung (links: vor Gitterverfeinerung; rechts: nach Gitterverfeinerung).

Beschleunigung aufgrund der Wandbewegung repräsentiert. Bei Ladd [41] und Lallemand et al. [42] wird dieser Anteil durch

$$\Delta f_i = \alpha_i \rho \boldsymbol{\xi}_i \cdot \mathbf{v}_E \tag{3.50}$$

mit

$$\alpha_i = \left\{ 0, \frac{1}{3}, \frac{1}{2}, \frac{1}{3}, \frac{1}{2}, \frac{1}{3}, \frac{1}{2}, \frac{1}{3}, \frac{1}{2} \right\} \tag{3.51}$$

bestimmt.

3.6.4 Auslassrandbedingung

An den Auslassrändern soll numerisch umgesetzt werden, dass die Ableitung der Geschwindigkeitskomponenten auf makroskopischer Ebene normal zum Auslass Null werden und somit ein voll ausgebildetes Strömungsprofil vorliegt (homogene Neumannsche Randbedingung). Mit dem Normalenvektor $\mathbf{n}$, der senkrecht zur Auslassfläche steht, gilt:

$$\frac{\partial v_n}{\partial x_n} = 0 \text{ mit } v_n = \mathbf{v} \cdot \mathbf{n} \text{ und } x_n = \mathbf{x} \cdot \mathbf{n}. \tag{3.52}$$

Diese Bedingung wird hier durch einen Extrapolationsansatz realisiert. Die Umsetzung erfolgt in mehreren Schritten (vgl. Abb. 3.12):

1. Durch lineare Interpolation werden die diskreten Verteilungen an der Stelle $\mathbf{x}_k$ bestimmt:

$$f_{i,1}(\mathbf{x}_k, t) = 2 f_i(\mathbf{x}_{k-1}, t) - f_i(\mathbf{x}_{k-2}, t). \tag{3.53}$$

2. Bezüglich der extrapolierten Verteilungssets werden an der Stelle $\mathbf{x}_k$ die makroskopischen Größen $\rho_1(\mathbf{x}_k, t)$ und $\mathbf{v}_1(\mathbf{x}_k, t)$ und die daraus folgenden Gleichgewichtsverteilungen $f_{i,1}^{(0)}(\rho_1, \mathbf{v}_1)$ berechnet.

3. Im nächsten Schritt werden an der Stelle $\mathbf{x}_k$ die Gleichgewichtsverteilungen $f_{i,2}^{(0)}$ bezüglich der extrapolierten Dichte

$$\rho_2(\mathbf{x}_k, t) = 2\rho(\mathbf{x}_{k-1}, t) - \rho(\mathbf{x}_{k-2}, t) \tag{3.54}$$

und der Geschwindigkeit $\mathbf{v}_2(\mathbf{x}_k, t) = \mathbf{v}(\mathbf{x}_{k-1}, t)$ berechnet.

4. Schließlich werden am Punkt $\mathbf{x}_k$ die neuen Verteilungsfunktionen gebildet:

$$f_i(\mathbf{x}_k, t) = f_{i,1}(\mathbf{x}_k, t) - f_{i,1}^{(0)} + f_{i,2}^{(0)} \tag{3.55}$$

3.7 Validierung

Zur Validierung des entwickelten Strömungsprogramms wird die Lösung einer Strömungsberechnung mit dem kommerziellen CFD-Code Fluent 6.2.16 verglichen [18]. Dieser CFD-Code basiert auf den Navier-Stokes-Gleichungen und beruht auf einer Finite-Volumen-Diskretisierung. Als Modellproblem wurde ein ebener Kanal mit einer plötzlichen Querschnittserweiterung („Backward Facing Step") ausgewählt. Dieser Strömungsfall stellt einen klassischen Validierungstestfall aus der Strömungsmechanik dar.

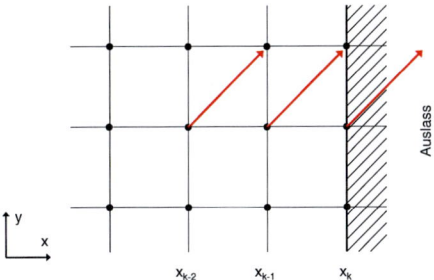

Abbildung 3.12: Extrapolationsschema für die Auslass-Randbedingung.

3.7.1 Strömungsgeometrie und Rechengitter

Eine Skizze des zweidimensionalen Rechengebiets des Validierungstestfalls „Backward Facing Step" ist in Abb. 3.13 dargestellt. Die Kanalhöhe am Einlass des in der Tiefe unendlich ausgedehnten Kanals beträgt 4 mm. Nach einer Einlaufstrecke der Länge 10 mm erweitert sich die Kanalhöhe auf 6 mm. Der Kanal ist oben und unten von einer Wand begrenzt. Die Gitterauflösung im Rechengebiet beträgt $\Delta x = 0{,}1$ mm. Innerhalb des grau gekennzeichneten Bereichs in Abb. 3.13 ist das Gitter lokal verfeinert und die Ortsdiskretisierung beträgt darin $\Delta x = 0{,}05$ mm.

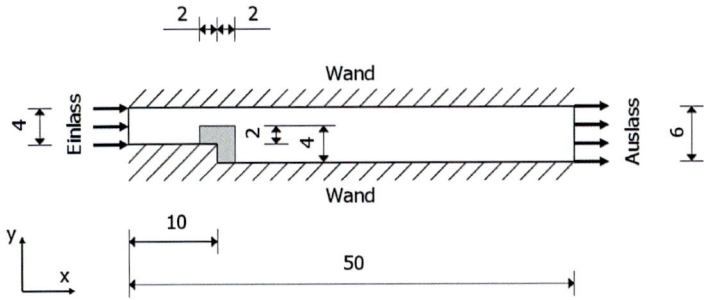

Abbildung 3.13: Berechnungsgeometrie mit Randbedingungen des Validierungsfalls Backward Facing Step (Maßangaben in mm). Der grau eingezeichnete Bereich kennzeichnet die Region mit feinerer Gitterauflösung.

3.7.2 Anfangs- und Randbedingungen

Am Einlass in das zweidimensionale Rechengebiet in Abb. 3.13 wird ein Geschwindigkeits-verlauf in x-Richtung für ein laminares Strömungsprofil der Form

$$v_x(y) = 6\bar{v}_{x,E} \frac{y}{h_{K,E}} \left(1 - \frac{y}{h_{K,E}} \right). \tag{3.56}$$

vorgegeben. Darin beschreibt $\bar{v}_{x,E}$ die mittlere Strömungsgeschwindigkeit in x-Richtung am Einlass und $h_{K,E}$ die Höhe des Kanals am Einlass. Es werden mit beiden Simulationspro-grammen jeweils drei Berechnungen bei drei unterschiedlichen Reynolds-Zahlen

$$\mathrm{Re} = \frac{\rho \bar{v}_{x,E} h_{K,E}}{\mu} \tag{3.57}$$

durchgeführt ($\mathrm{Re}_1 = 1$, $\mathrm{Re}_2 = 10$ und $\mathrm{Re}_3 = 100$). Am Auslass wird die homogene Neu-mannsche Auslassrandbedingung (Gl. 3.52) vorgegeben. An der oberen und unteren Be-grenzung des Rechengebiets befindet sich jeweils eine Wand, an der die Haftbedingung gilt.

Bei der Berechnung des stationären, laminaren Strömungsfelds werden konstante Stoffei-genschaften (Luft mit $\rho = 1{,}2\,\mathrm{kg/m^3}$ und $\mu = 0{,}018\,\mathrm{mPas}$) und Isothermie angenommen. Zu Beginn der Berechnung wird das Strömungsfeld mit der mittleren Strömungsgeschwin-digkeit $\bar{v}_{x,E}$ und einem konstanten Relativdruck von $p = 0\,\mathrm{bar}$ initialisiert.

3.7.3 Ergebnisse

Dieser Testfall eignet sich gut zur quantitativen Beurteilung von Simulationsprogrammen. In Abhängigkeit von der Re-Zahl stellen sich unterschiedliche Strömungstopologien ein. Die Kontur-Verläufe der Geschwindigkeit in x-Richtung zusammen mit den Stromlinien-verläufe bei zwei Re-Zahlen (1 und 100) in den Abbn. 3.15 und 3.15 verdeutlichen die unterschiedlichen Strömungszustände. Im ersten Fall (Re = 1) liegt eine schleichende Strö-mung, bei der die viskosen Reibungskräfte und die Trägheitskräfte gleich groß sind, vor. In diesem Fall liegt die Strömung an der Kante der Querschnittserweiterung an. Im zwei-ten Fall (Re = 100) dominieren die Trägheitskräfte die viskosen Reibungskräfte, sodass die Strömung an der Kante der Querschnittserweiterung ablöst. Dadurch bildet sich direkt stromabwärts der Kante ein Rezirkulationsgebiet aus. Die Strömung legt sich erst hinter diesem Rezirkulationsgebiet wieder an der unteren Wand an.

Für einen direkten quantitativen Vergleich der Rechenergebnisse der beiden Simulations-programme werden im Folgenden an drei Schnitten normal zur Hauptströmungsrichtung die Geschwindigkeitsverläufe in x-Richtung ausgewertet und gegenübergestellt. Der erste Schnitt befindet sich direkt an der Kante der Querschnittserweiterung bei $x = 0{,}010\,\mathrm{mm}$. Die beiden weiteren Schnitte befinden sich stromabwärts an den Positionen $x = 0{,}015\,\mathrm{mm}$ und $x = 0{,}020\,\mathrm{mm}$. Die Abbn. 3.16 - 3.18 zeigen die Simulationsergebnisse der beiden Berechnungsprogramme für die drei betrachteten Re-Zahlen an diesen Schnittebenen. Die

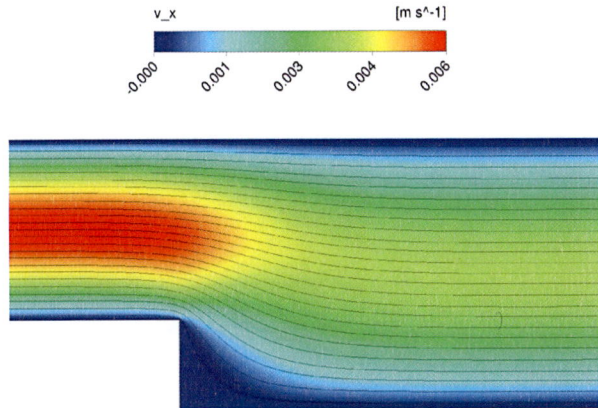

Abbildung 3.14: Darstellung des Kontur-Verlaufs der Geschwindigkeit in x-Richtung zusammen mit den Stromlinien für Re $= 1$ (Berechnung mit Fluent 6.2.16).

durchgezogenen Linien kennzeichnen jeweils das mit dem Lattice-Boltzmann-Verfahren ermittelte, die Symbole das mit Fluent berechnete Ergebnis. Es zeigt sich für alle drei untersuchten Reynols-Zahlenbereiche eine sehr gute Übereinstimmung. Insbesondere werden bei Re $= 100$ mit dem Lattice-Boltzmann-Ansatz die Ablösung der Strömung an der Kante, der Geschwindigkeitsverlauf innerhalb des Rezirkulationsgebiets sowie das Wiederanlegen der Strömung an der unteren Wand sehr gut wiedergegeben.

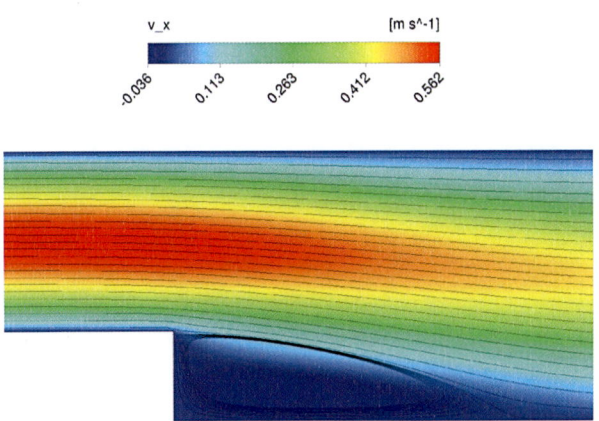

Abbildung 3.15: Darstellung des Kontur-Verlaufs der Geschwindigkeit in x-Richtung zusammen mit den Stromlinien für Re $= 100$ (Berechnung mit Fluent 6.2.16).

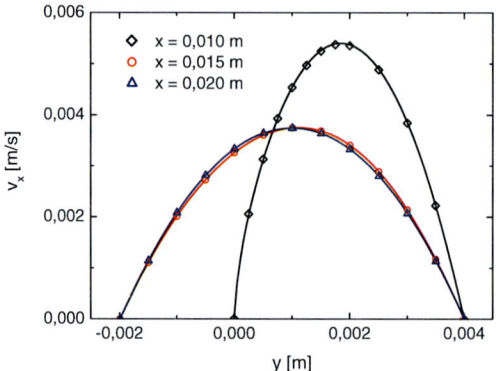

Abbildung 3.16: Vergleich der Geschwindigkeiten in x-Richtung, berechnet mit dem Lattice-Boltzmann-Verfahren (durchgezogene Linien) und Fluent (Symbole) für Re = 1.

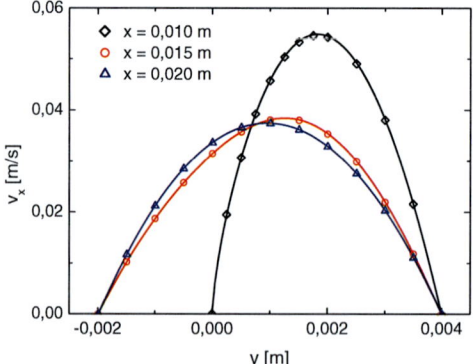

Abbildung 3.17: Vergleich der Geschwindigkeiten in x-Richtung, berechnet mit dem Lattice-Boltzmann-Verfahren (durchgezogene Linien) und Fluent (Symbole) für Re = 10.

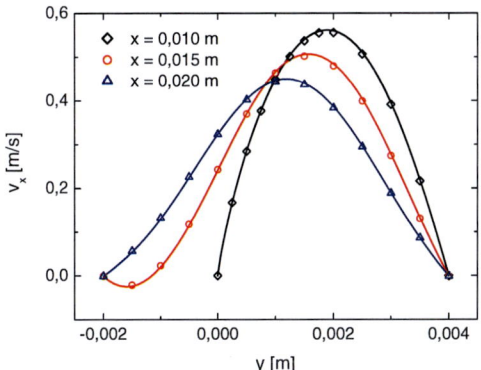

Abbildung 3.18: Vergleich der Geschwindigkeiten in x-Richtung, berechnet mit dem Lattice-Boltzmann-Verfahren (durchgezogene Linien) und Fluent (Symbole) für Re = 100.

4 Modellierung des elektrischen Felds

Neben dem Strömungsfeld, dessen Berechnung Schwerpunkt des vorangegangenen Kapitels war, beeinflusst das elektrische Feld die im Rahmen dieser Arbeit untersuchte Bewegung und Anlagerung der elektrisch geladenen Partikel auf der Oberfläche des Partikelsensors. In den folgenden Abschnitten wird ein Überblick über die relevanten Grundgleichungen zur Beschreibung des elektrischen Felds, den verwendeten Rand- und Übergangsbedingungen sowie der Implementierung des numerischen Verfahrens gegeben.

4.1 Maxwell-Gleichungen

Die orts- und zeitabhängigen elektrischen und magnetischen Felder und die Kopplung dieser beiden Felder werden durch die Maxwell-Gleichungen beschrieben [37]. Innerhalb homogener isotroper Materialien lauten diese Grundgleichungen der Elektrodynamik in differentieller Schreibweise:

$$\nabla \cdot \mathbf{D} = \rho_i, \tag{4.1}$$

$$\nabla \times \mathbf{E} = -\frac{\partial \mathbf{B}}{\partial t}, \tag{4.2}$$

$$\nabla \cdot \mathbf{B} = 0, \tag{4.3}$$

$$\nabla \times \mathbf{H} = \mathbf{j} + \frac{\partial \mathbf{D}}{\partial t}. \tag{4.4}$$

Darin beschreibt $\mathbf{D}$ die elektrische Verschiebungsdichte, ρ_i die elektrische Raumladungsdichte, $\mathbf{E}$ die elektrische Feldstärke, $\mathbf{B}$ die magnetische Flußdichte und $\mathbf{H}$ die magnetische Feldstärke. Zusammen mit der Kontinuitätsgleichung für die elektrische Stromdichte $\mathbf{j}$,

$$\frac{\partial \rho_i}{\partial t} + \nabla \cdot \mathbf{j} = 0, \tag{4.5}$$

liegt ein geschlossenes Gleichungssystem zur allgemeinen Berechnung der elektrischen und magnetischen Felder vor.

4.2 Grundgleichungen des elektrostatischen Felds

Im Rahmen dieser Arbeit werden nur quasistationäre elektrische Felder betrachtet. Dadurch können die Maxwell-Gln. 4.1 - 4.4 zu

$$\nabla \cdot \mathbf{D} = \rho_i \tag{4.6}$$

reduziert werden. Da zwischen der elektrischen Verschiebungsdichte $\mathbf{D}$ und der elektrischen Feldstärke $\mathbf{E}$ in homogenen Materialien der Zusammenhang

$$\mathbf{D} = \epsilon_r \epsilon_0 \mathbf{E} \tag{4.7}$$

besteht, kann Gl. 4.6 zu

$$\nabla \cdot \mathbf{E} = \frac{\rho_i}{\epsilon_r \epsilon_0} \tag{4.8}$$

umformuliert werden. Dabei ist $\epsilon_0 \approx 8{,}854188 \cdot 10^{-12}$ As/Vm die Dielektrizitätskonstante und ϵ_r die relative Permittivität. Da im numerischen Verfahren das elektrostatische Potential ϕ berechnet werden soll, wird zusätzlich noch der Zusammenhang

$$\mathbf{E} = -\nabla \phi \tag{4.9}$$

zwischen der elektrischen Feldstärke und dem elektrostatischen Potential verwendet. Somit kann das elektrostatische Potential mit Hilfe der bekannten Poisson-Gleichung

$$\nabla^2 \phi = -\frac{\rho_i}{\epsilon_r \epsilon_0} \tag{4.10}$$

ermittelt werden. Im Rahmen dieser Arbeit werden nur Fragestellungen mit vernachlässigbaren Ionenkonzentrationen betrachtet. Somit kann von einer Raumladungsdichte $\rho_i = 0$ ausgegangen werden. Dadurch verschwindet der Quellterm auf der rechten Seite der Poisson-Gleichung (Gl. 4.10). Die Differentialgleichung geht somit in die Laplace-Gleichung

$$\nabla^2 \phi = 0 \tag{4.11}$$

über.

4.3 Diskretisierung

Zur numerischen Lösung der Laplace-Gl. 4.11 muss diese zunächst diskretisiert werden. Dazu wird hier ein Finite-Differenzen-Verfahren eingesetzt. Die Basis hierfür bildet das gleiche nicht-äquidistante Rechengitter wie das, dass bereits für die Implementierung des Lattice-Boltzmann-Verfahrens verwendet wurde. Da die Berechnung des elektrischen Felds nicht nur auf den für die Gasphasenströmung relevanten Bereich beschränkt ist, muss die Vernetzung des Rechengebiets auf zusätzliche Bereiche wie z. B. die Sensorkeramik erweitert werden (vgl. Kap. 6.2.2).

Das Diskretisierungsschema wird im Folgenden anhand der Darstellung eines Ausschnitts des Rechengitters in Abb. 4.1 erläutert. Darin beschreibt φ_c das elektrische Potential des zentralen Knotens, für den das Potential auf Basis der vier Nachbarknoten berechnet wird. Diese Nachbarknoten befinden sich in westlicher (w), östlicher (e), südlicher (s) und nördlicher (n) Richtung im Abstand Δx_i bzw. Δy_i vom zentralen Knoten. Bei zweidimensionaler

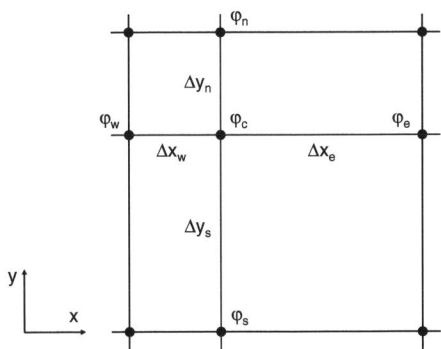

Abbildung 4.1: Diskretisierungsschema zur Berechnung des elektrischen Potentials.

Betrachtung kann die Laplace-Gleichung (Gl. 4.11) mittels Zentraldifferenzen für beliebige Gitterschrittweiten in den unterschiedlichen Richtungen folgendermaßen approximiert werden [63]:

$$\frac{\partial^2 \varphi}{\partial x^2} + \frac{\partial^2 \varphi}{\partial y^2} \approx \frac{\varphi_e - (1 + \alpha_x)\,\varphi_c + \alpha_x \varphi_w}{\frac{1}{2}\alpha_x\,(1 + \alpha_x)\,(\Delta x_e)^2} + \frac{\varphi_n - (1 + \alpha_y)\,\varphi_c + \alpha_y \varphi_s}{\frac{1}{2}\alpha_y\,(1 + \alpha_y)\,(\Delta y_n)^2}. \tag{4.12}$$

In dieser Gleichung beschreiben α_x und α_y das Verhältnis der jeweils gegenüberliegenden Gitterschrittweiten:

$$\alpha_x = \frac{\Delta x_e}{\Delta x_w}, \tag{4.13}$$

$$\alpha_y = \frac{\Delta y_n}{\Delta y_s}. \tag{4.14}$$

Das lineare Gleichungssystem, dass sich hieraus ergibt, wird innerhalb des entwickelten Berechnungsprogramms mittels des Gauß-Seidel-Algorithmus gelöst und das Diskretisierungsverfahren ist von zweiter Ordnung genau [63].

4.4 Rand- und Übergangsbedingungen

Auf den Rechenknoten entlang des äußeren Rands des Rechengebiets und auf den einzelnen Elektroden wird jeweils ein konstantes elektrisches Potential φ als Diricletsche Randbedingung vorgegeben. Am Übergang bzw. an der Grenzfläche zwischen zwei Materialien 1 und 2 mit unterschiedlichen Permittivitätszahlen $\epsilon_{r,1}$ und $\epsilon_{r,2}$ gilt die unter der Annahme einer konstanten elektrischen Verschiebung $\mathbf{D_1} = \mathbf{D_2}$ abgeleitete Beziehung

$$\mathbf{E_2} = \mathbf{E_1}\frac{\epsilon_{r,1}}{\epsilon_{r,2}}. \tag{4.15}$$

5 Modellierung des Transports und der Anlagerung von Partikeln

5.1 Partikeltransport

Bei partikelbeladenen Gasströmungen unterscheidet man zwischen der kontinuierlichen und der dispersen Phase. Dabei wird die Gasströmung als kontinuierliche, die Partikel als disperse Phase bezeichnet. Für die numerische Berechnung mehrphasiger Strömungen sind im Wesentlichen zwei unterschiedliche Modellierungsansätze gebräuchlich: das Euler- bzw. das Lagrange-Verfahren.

Das Euler-Verfahren beruht auf der Vorstellung, dass sich die disperse Phase als zweite kontinuierliche Phase behandeln lässt. Die Bilanzgleichungen dieser Phase lassen sich entsprechend den Bilanzgleichungen der kontinuierlichen Phase im ortsfesten Bezugssystem lösen. Diese Methode wird vor allem bei Problemstellungen verwendet, bei denen hohe volumenbezogene Partikelkonzentrationen ($c_p^{(v)} > 0{,}01$ $\frac{m_p^3}{m_g^3}$) vorliegen und die Rückwirkung der Partikelbewegung auf das Strömungsfeld und Kollisionen zwischen den Partikeln eine große Rolle spielen. Im Vergleich hierzu liegt die volumenbezogene Partikelkonzentration des vom CAST emittierten Rußaerosols bei $c_p^{(v)} \approx 1 \cdot 10^{-7}$ $\frac{m_p^3}{m_g^3}$. Ein Nachteil dieses Ansatzes ist, dass für jede Partikelgrößenklasse eine eigene Bilanzgleichung formuliert werden muss und dadurch v. a. bei polydispersen Partikelsystemen ein hoher numerischer Modellierungsaufwand entsteht. Weiterhin geht bei diesem Verfahren die Individualität des einzelnen Partikels verloren, da dieses Modell als Ergebnis nur lokale Partikelkonzentrationen liefert. Dies hat zur Folge das die exakte Position der unterschiedlichen Partikel zu jedem Zeitpunkt nicht festgestellt werden kann und somit der Euler-Ansatz innerhalb dieser Untersuchungen nicht geeignet ist.

Die individuelle Verfolgung der Partikeltrajektorien und die exakte Bestimmung der Anlagerungsorte von Partikeln auf Oberflächen sind wesentliche Merkmale dieser Arbeit. Aus diesen Gründen wird hier der Lagrange-Ansatz zur Berechnung der Partikelbewegung verwendet. Im Folgenden werden die Grundlagen zur Beschreibung des Transports submikroner Partikel in der Gasphase erläutert. Weiterhin werden die verschiedenen Kräfte diskutiert, die den Verlauf der Partikelbahn beeinflussen, und ihre Relevanz für diese Arbeit bewertet.

Für ausführliche Beschreibungen zu den Grundlagen und zur numerischen Modellierung von Mehrphasensystemen wird z. B. auf Sommerfeld [69] und Crowe et al. [12] verwiesen.

5.1.1 Bewegungsgleichung

Grundlage für die Berechnung der Bahnlinie, der ein Partikel in der Gasströmung und unter Einfluss eines elektrischen Felds folgt, ist eine Kräftebilanz an jedem Partikel gemäß dem zweiten Newtonschen Axiom:

$$m_p \frac{\partial \mathbf{v}_p}{\partial t} = \sum_i \mathbf{F}_i. \tag{5.1}$$

Durch zeitliche Integration der Gl. 5.1 kann die aktuelle Geschwindigkeit des Partikels $\mathbf{v}_p$ bestimmt werden. Über eine nachfolgende Integration von

$$\frac{\partial \mathbf{x}_p}{\partial t} = \mathbf{v}_p \tag{5.2}$$

wird die aktuelle Partikelposition $\mathbf{x}_p$ ermittelt. Bei diesem Modellierungsansatz werden die Partikel als punktförmig ohne räumliche Ausdehnung betrachtet und die Rückwirkung der Partikel auf das Strömungsfeld wird aufgrund der sehr kleinen Partikeldurchmesser ($d_p \leq 200\,\text{nm}$) und der geringen Partikelvolumenkonzentrationen vernachlässigt. Bei der Formulierung der einzelnen Kräfte, die auf das Partikel wirken, wird von einem sphärischen Partikel ausgegangen. Dies bedeutet insbesondere, dass die Agglomeratstruktur des Rußes nicht aufgelöst wird. In den Arbeiten von Dietzel et al. [13] und Binder et al. [3] wird ein Ansatz vorgestellt, mit dem das Transportverhalten von Agglomeraten in der Strömung detailliert mittels eines hochaufgelösten Lattice-Boltzmann-Ansatzes untersucht wird. Diese Methode eignet sich allerdings nur für die Berechnung der Bewegung einzelner Partikel, da der numerische Aufwand dieses Ansatzes sehr hoch ist.

Die Bahn, die ein Partikel in einer Gasströmung beschreibt, setzt sich grundsätzlich aus einer translatorischen und einer rotatorischen Bewegungskomponente zusammen. Da die weiteren Untersuchungen nur bei kleinen Partikel-Reynolds-Zahlen

$$\text{Re}_p = \frac{d_p \rho_g \, |\mathbf{v}_g - \mathbf{v}_p|}{\mu_g} < 1 \tag{5.3}$$

im Stokes-Bereich durchgeführt werden und das Dichteverhältnis zwischen Fluid- und Partikelphase sehr klein ist ($\frac{\rho_L}{\rho_p} = \frac{1,2}{700} \approx 1,7 \cdot 10^{-3}$), können die durch die Partikelrotation hervorgerufene Auftriebskräfte wie z. B. die Magnus-Kraft vernachlässigt werden [43]. Aus diesem Grund ist es ausreichend, dass im Weiteren nur die translatorische Partikelbewegung (Gl. 5.2) betrachtet wird.

5.1.2 Kräfte auf Partikel

In diesem Abschnitt wird ein Überblick über die verschiedenen Kräfte gegeben, die das Bewegungsverhalten von Partikeln bestimmen können.

Widerstandskraft

Bewegt sich ein Partikel mit der Geschwindigkeit $\mathbf{v}_p$ durch ein Fluid mit der Geschwindigkeit $\mathbf{v}_g$ wirkt auf das Partikel eine Widerstandskraft $\mathbf{F}_w$ aufgrund der aus der Relativgeschwindigkeit zwischen Fluid und Partikel resultierenden Reibungseffekte auf der Partikeloberfläche. In der allgemeinen Form wird die Widerstandskraft mit dem Ansatz

$$\mathbf{F}_w = \frac{1}{2} c_w \left(\mathrm{Re}_p \right) A_p \rho_g \left(\mathbf{v}_g - \mathbf{v}_p \right) \left| \mathbf{v}_g - \mathbf{v}_p \right| \tag{5.4}$$

beschrieben. In dieser Gleichung entspricht A_p der projizierten Anströmfläche des Partikels. Für den Widerstandsbeiwert c_w gilt in Abhängigkeit von der Partikel-Reynolds-Zahl [24]:

$$c_w \left(\mathrm{Re}_p \right) = \begin{cases} \frac{24}{\mathrm{Re}_p} & \text{falls } \mathrm{Re}_p < 1, \\ \frac{24}{\mathrm{Re}_p} \left(1 + 0{,}15 \mathrm{Re}_p^{0{,}687} \right) & \text{falls } 1 \leq \mathrm{Re}_p \leq 1000. \end{cases} \tag{5.5}$$

Im Rahmen dieser Arbeit ist nur der Partikeltransport im Stokes-Bereich ($\mathrm{Re}_p < 1$) relevant, da nur sehr kleine Partikel im Größenbereich $d_p \leq 200\,\mathrm{nm}$ bei geringen Strömungsgeschwindigkeiten ($|\mathbf{v}_g| \leq 0{,}1\,\mathrm{m/s}$) im unmittelbaren Nahfeld von Oberflächen untersucht werden.

Bei Partikeln, deren Durchmesser in der Größenordnung der mittleren freien Weglänge des Gases (unter Normalbedingungen: $\lambda_g = 65\,\mathrm{nm}$) sind, muss die Widerstandskraft mit dem Stokes-Cunningham-Faktor C_{cun} korrigiert werden:

$$C_{cun} = 1 + \frac{2}{\mathrm{Kn}} \left[1{,}257 + 0{,}4 \exp \left(-0{,}55 \mathrm{Kn} \right) \right]. \tag{5.6}$$

Dieser Korrekturfaktor beschreibt den Effekt, dass beim Partikeltransport bei kleinen Knudsen-Zahlen ($\mathrm{Kn} = d_p / \lambda_g$) Schlupf zwischen Partikel und Gasphase auftritt und somit die Widerstandskraft herabgesetzt wird. Auf molekularer Ebene kann das dadurch erklärt werden, dass die Anzahl der Stöße von Gasmolekülen mit einem Partikel mit kleiner werdendem Partikeldurchmesser abnimmt und dadurch das Fluid an der Partikeloberfläche nicht mehr haftet. In Abb. 5.1 ist der Zusammenhang zwischen d_p und C_{cun} dargestellt. Die Grafik zeigt, dass v. a. für Partikel mit einem Partikeldurchmesser von $d_p \leq 100\,\mathrm{nm}$ die Cunningham-Korrektur zunehmend an Bedeutung gewinnt.

Für die Widerstandskraft (Gl. 5.4) ergibt sich im Stokes-Bereich unter Berücksichtigung der Stokes-Cunningham-Korrektur:

$$\mathbf{F}_w = \frac{3 \pi d_p \mu_g}{C_{cun}} \left(\mathbf{v}_g - \mathbf{v}_p \right). \tag{5.7}$$

Coulomb-Kraft

Elektrisch geladene Partikel erfahren im elektrischen Feld die Coulomb-Kraft $\mathbf{F}_c$, die proportional zur elektrischen Feldstärke $\mathbf{E} = -\nabla \phi$ ist:

$$\mathbf{F}_c = -q_p e \nabla \phi. \tag{5.8}$$

Darin entspricht e der elektrischen Elementarladung ($e \approx 1{,}602176 \cdot 10^{-19}$ C) und q_p der Anzahl und Polarität der elektrischen Ladungen des Partikels.

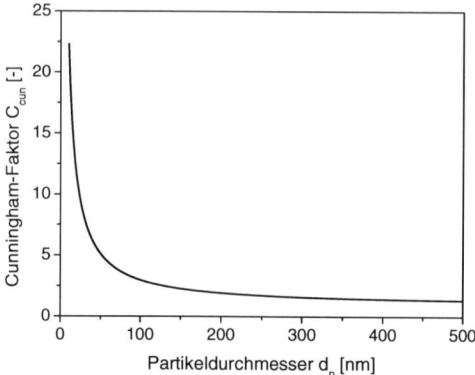

Abbildung 5.1: Zusammenhang zwischen dem Partikeldurchmesser d_p und dem Korrekturfaktor C_{cun} nach Cunningham (Gl. 5.6).

Diffusion aufgrund Brownscher Bewegung

Diffusionsprozesse beeinflussen vor allem bei sehr kleinen Partikel erheblich den Aerosoltransport in der Gasphase. Die Ursache für die Diffusion ist wiederum auf molekularer Ebene zu finden. Je kleiner ein Partikel und damit auch dessen Massenträgheit ist, desto größer ist die Impulsänderung des Partikels als Folge eines zufälligen Stoßes mit einem Gasmolekül. Mit kleiner werdenden Knudsen-Zahlen nimmt gleichzeitig der Schlupf des Partikels zwischen den Gasmolekülen zu, der sich in einer ungerichteten, zufälligen Bewegung äußert.

Die numerische Berücksichtigung des Diffusionsprozesses erfolgt in dieser Arbeit über einen zusätzlichen Kraftterm, der die Auswirkung von Stoßvorgängen auf molekularer Ebene berücksichtigt. Li und Ahmadi [44] formulierten den Ansatz

$$\mathbf{F}_b = \zeta m_p \sqrt{\frac{216 \nu_g k_B T_g}{\pi \rho_g d_p^5 \left(\frac{\rho_p}{\rho_g}\right)^2 C_{cun} \Delta t}}$$

(5.9)

als „Brownsche Kraft". In dieser Gleichung ist ζ eine normalverteilte Zufallszahl. Die Intensität und Richtung der „Brownschen Kraft" $\mathbf{F}_b$ wird somit für jeden Zeitschritt innerhalb des numerischen Verfahrens neu berechnet.

Gewichts- und Auftriebskraft

In einem Schwerefeld, wie es z. B. durch die Gravitationsbeschleunigung $\mathbf{g}$ hervorgerufen wird, wirkt auf ein Partikel die um die Auftriebskraft verminderte Gewichtskraft. Die daraus resultierende Gesamtkraft $\mathbf{F}_g$ auf ein Partikel berechnet sich durch:

$$\mathbf{F}_g = - (m_p - m_g)\,\mathbf{g} = -\frac{\pi}{6}d_p^3 (\rho_p - \rho_g)\,\mathbf{g}. \tag{5.10}$$

Dabei beschreibt m_g die Masse der Gasphase, die durch das Volumen des Partikels verdrängt wird.

Saffman-Kraft

Ein Partikel, dass sich in einer Scherströmung befindet, erfährt aufgrund der unterschiedlichen Druckverhältnisse über der Oberfläche eine Beschleunigung in Richtung des niedrigeren Druckniveaus. Diese daraus resultierende Kraft wird als Saffman-Kraft bezeichnet:

$$\mathbf{F}_{saff} = 1{,}615\sqrt{\rho_g\mu_g}d_p^2 c_s\,(\mathbf{v}_g - \mathbf{v}_p)\cdot\frac{\boldsymbol{\omega}_g}{\sqrt{|\boldsymbol{\omega}_g|}} \qquad \text{mit} \qquad \boldsymbol{\omega}_g = \nabla\times\mathbf{v}_g. \tag{5.11}$$

Der darin enthaltene Korrekturfaktor c_s berücksichtigt zusätzliche Effekte, die bei höheren Partikel-Reynoldszahlen relevant werden [46].

Thermophorese

Innerhalb nicht-isothermer Strömungsfelder existieren lokale Temperaturgradienten ∇T_g. Befindet sich ein Partikel im Bereich solcher Temperaturgradienten, wirkt auf dieses Partikel die sogenannte thermophoretische Kraft

$$\mathbf{F}_{th} = -\frac{6\pi d_p\mu_g^2 C_s\,(\lambda_g/\lambda_p + C_t Kn)}{\rho_g\,(1 + 3C_m Kn)\,(1 + 2\lambda_g/\lambda_p + 2C_t Kn)}\frac{1}{T_g}\nabla T_g, \tag{5.12}$$

mit den Konstanten $C_s = 1{,}17$, $C_t = 2{,}18$ und $C_m = 1{,}14$ [62]. λ_g/λ_p entspricht dem Verhältnis der spezifischen Wärmeleitfähigkeiten von Gas und Partikel. Die Ursache für die thermophoretische Kraft ist in Abb. 5.2 illustriert. Aufgrund der Brownschen Molekülbewegung der Gasmoleküle kommt es ständig zu Stößen zwischen Gasmolekülen und Partikeln. Je höher die Temperatur ist, desto stärker ist die Molekülbewegung und damit auch die Impulsübertragung bei einem Stoß. Wenn die Gastemperatur um ein Partikel herum nicht konstant ist, ist der Impulseintrag auf der wärmeren Seite des Partikels höher als auf der kälteren Seite. Daraus resultiert eine Nettokraft von Bereichen hoher in Bereiche tieferer Temperaturen auf das Partikel.

Dipol-Kraft

Befindet sich ein elektrisch leitfähiges Partikel innerhalb eines inhomgenen elektrischen Felds, bildet sich durch Ladungsverschiebung innerhalb des Partikels ein elektrischer Dipol aus. Diese als Dipol-Kraft bezeichnete Kraft kann folgendermaßen berechnet werden [30]:

$$\mathbf{F}_{dipol} = \frac{1}{2}\pi\epsilon_0\epsilon_g\frac{\epsilon_p - \epsilon_g}{\epsilon_p + \epsilon_g}d_p^3\mathbf{E}\nabla\mathbf{E}. \tag{5.13}$$

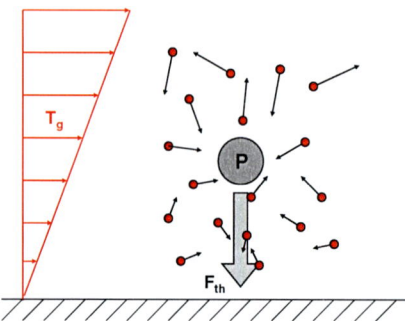

Abbildung 5.2: Veranschaulichung der Ursache für die thermophoretische Kraft auf Partikel auf molekularer Betrachtungsebene.

Hierin bezeichnen ϵ_g und ϵ_p die relativen Permittivitäten des Gases und der Partikel. Der Gleichung ist zu entnehmen, dass diese Kraft sowohl von der elektrischen Feldstärke $\mathbf{E}$ als auch von deren Gradienten $\nabla\mathbf{E}$ abhängig ist. In homogenen elektrischen Feldern, die durch $\nabla\mathbf{E} = 0$ gekennzeichnet sind, wird die elektrische Dipol-Kraft $\mathbf{F}_{dipol} = 0$.

Van der Waals Kraft

Die van der Waals Kraft zwischen Partikeln und z. B. einer Oberfläche resultiert aus der zufälligen Bewegung der Elektronen innerhalb der Atome eines Partikels. Nähert sich ein Partikel einer Oberfläche an, wird kurzzeitig der elektrische Ladungsschwerpunkt im Partikel verändert. Das Partikel bildet für einen kurzen Zeitraum einen elektrischen Dipol und kann dadurch eine attraktive Kraft zu einer benachbarten Oberfläche oder einem anderen Partikel erfahren. Die sich ergebende Kraft zwischen einem Partikel und einer glatten, ebenen Oberfläche kann durch

$$\mathbf{F}_{vdW} = -\frac{2A_H}{3}\frac{d_p^3}{8d_{p-o}^2\left(d_{p-o}+d_p\right)^2} \tag{5.14}$$

beschrieben werden [43]. In dieser Gleichung bezeichnet d_{p-o} den Abstand zwischen Partikel und Oberfläche und A_H die Hamaker-Konstante. Diese Konstante beschreibt das Wechselwirkungspotential zwischen den beiden Körpern und kann nach der Theorie von Lifshitz berechnet werden [28]. Näherungsweise kann für dieses System $A_H = 4 \cdot 10^{-19}$ J angenommen werden.

In Abb. 5.3 ist die Reichweite der van der Waals Kraft zwischen einer glatten Oberfläche und einem sphärischen Partikel für drei unterschiedliche Partikeldurchmesser dargestellt. Dazu ist der Betrag der van der Waals Kraft über dem Abstand in logarithmischer Darstellung aufgetragen. Die van der Waals Kraft nimmt in unmittelbarer Wandnähe stark zu. Die Kraft nimmt mit dem Abstand d_{p-o} sehr schnell ab und kann für Abstände $d_{p-o} > d_p$ vernachlässigt werden.

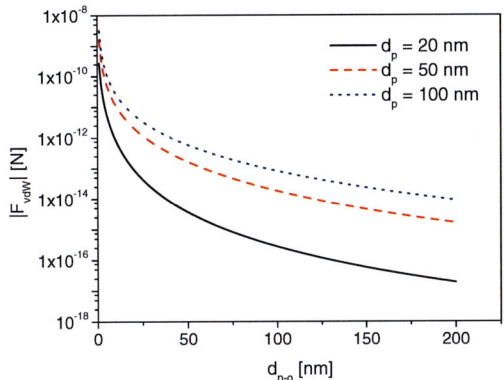

Abbildung 5.3: Reichweitenabschätzung der van der Waals Kraft zwischen einer glatten Oberfläche und einem sphärischen Partikel für drei Partikeldurchmesser.

Bildkraft

Wenn sich ein elektrisch geladenes Partikel einer elektrisch leitfähigen Oberfläche nähert, wird in dem Oberflächenmaterial eine sogenannte Bild- bzw. Spiegelladung induziert. Diese Bildladung besitzt folglich eine dem Partikel entgegengesetzte Polarität. Dabei befindet sich die induzierte Ladung in der Wand im gleichem Abstand von der Oberfläche wie das Partikel selbst (d_{p-o}). Die durch die Wechselwirkung zwischen Partikel- und Bildladung hervorgerufene stets attraktiv wirkende Bildkraft wird mathematisch folgendermaßen beschrieben [30]:

$$\mathbf{F}_{bild} = \frac{(q_p e)^2}{4\pi\epsilon_0\epsilon_g \left(2d_{p-o}\right)^2} \frac{\epsilon_s - \epsilon_g}{\epsilon_s + \epsilon_g}. \tag{5.15}$$

In Abb. 5.4 ist der Verlauf der Bildkraft in Abhängigkeit vom Wandabstand d_{p-o} für ein einfach geladenes Partikel ($q_p = 1$), das sich in einer Gasströmung ($\epsilon_g = 1$) in der Nähe einer keramischen Oberfläche ($\epsilon_s = 9$) befindet, dargestellt. Der Abb. 5.4 und Gl. 5.15 ist zu entnehmen, dass die Bildkraft proportional zu $1/d_{p-o}^2$ ist und dadurch mit zunehmendem Partikel-Wand-Abstand sehr schnell abnimmt und an Bedeutung verliert. Innerhalb dieser Arbeit wird diese Kraft nicht weiter berücksichtigt.

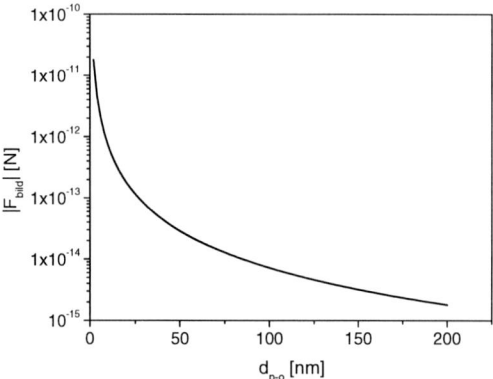

Abbildung 5.4: Reichweitenabschätzung der Bildkraft zwischen einer glatten Oberfläche und einem sphärischen einfach positiv geladenem Partikel für die relativen Permittivitäten $\epsilon_s = 9$ und $\epsilon_g = 1$.

5.1.3 Abschätzung der Relevanz der Partikelkräfte

In diesem Abschnitt wird die Größenordnung der oben diskutierten Volumen- und Auftriebskräfte abgeschätzt und miteinander verglichen. Auf dieser Basis kann entschieden werden, inwieweit die einzelnen Kräfte in der Kräftebilanz bei der Lagrangeschen Partikelbahnberechnung zur Abbildung der im Rahmen dieser Arbeit relevanten Effekte berücksichtigt werden müssen.

Für diese Abschätzung wird ein stationäres Kräftegleichgewicht zwischen der jeweiligen Kraft $\mathbf{F}$ und der Widerstandskraft $\mathbf{F}_w$ aufgestellt und daraus eine stationäre Partikelauslenkungsgeschwindigkeit $\mathbf{v}_{p,y}$ normal zur Hauptströmungsrichtung x berechnet.

Am Beispiel der Coulomb-Kraft wird die Vorgehensweise näher erläutert. Zunächst wird das Gleichgewicht zwischen den beiden Kräften gebildet:

$$\frac{3\pi d_p \mu_g}{C_{cun}} \left(v_{g,y} - v_{p,y}\right) = -q_p e E_y. \tag{5.16}$$

Bei dieser Abschätzung wird davon ausgegangen, dass für die Geschwindigkeit der Gasströmung in y-Richtung $v_{g,y} = 0$ gilt. Dadurch kann die Coulombsche Partikelgeschwindigkeit durch

$$v_{p,y}^{(coul)} = \frac{q_p e C_{cun}}{3\pi d_p \mu_g} E_y \tag{5.17}$$

ermittelt werden. In äquivalenter Weise wird bei den weiteren in diesem Abschnitt diskutierten Kräften (Dipol-, Gravitations-, Saffman- und thermophoretische Kraft) vorgegangen.

Der Einfluss der van der Waals Kraft und der Bildkraft wird an dieser Stelle nicht weiter diskutiert. Sie beschreiben die Interaktion der Partikel mit der Oberfläche und sind somit nur in unmittelbarer Nähe von der Wand relevant, wenn der Abstand des Partikels zur Wand in der Größenordnung des Partikeldurchmessers liegt. Der Partikeltransport innerhalb der Gasströmung wird deswegen durch diese beiden Kräfte nicht wesentlich beeinflusst.

Für die Berechnung der Geschwindigkeiten müssen zusätzliche Annahmen, die auf dem im Rahmen dieser Arbeit relevanten Größenbereich basieren, getroffen werden. In allen Fällen wurde von einer Umgebungstemperatur von $T_g = 298{,}15\ K$, wodurch sich die entsprechende Stoffeigenschaften für Luft ergeben, ausgegangen [75]. Darüberhinaus wurde zur Abschätzung der einzelnen Kräfte angenommen:

- **Coulomb-Kraft**: $q_p = -1$, $E_y = 10\ \text{kV/m}$.

- **Dipol-Kraft**: $\epsilon_p = 5{,}7$, $E_y = 10\ \text{kV/m}$, $\frac{dE_y}{dy} = 10\ \text{kV/m}^2$.

- **Thermophoretische Kraft**: $\frac{\lambda_g}{\lambda_p} = 1$, $\frac{dT_g}{dy} = 10000\ \text{K/m}$.

- **Gravitationskraft**: $g_y = 9{,}81\ \text{m/s}^2$.

- **Saffman-Kraft**: $v_{g,x} - v_{p,x} = 0{,}0001\ \text{m/s}$, $\frac{dv_x}{dy} = 500\ \text{s}^{-1}$.

Die Ergebnisse dieser Auswertung sind in Abb. 5.5 zusammengefasst. Darin sind die Partikelgeschwindigkeiten, die aus den jeweiligen Kräften resultieren, in logarithmischer Form über dem Partikeldurchmesser für den innerhalb dieser Arbeit relevanten Größenbereich ($d_p \leq 200\ \text{nm}$) dargestellt. Die Darstellung zeigt deutlich, dass die Coulombsche Kraft die dominierende Kraft bei der hier untersuchten Fragestellung ist. Die Gravitations- und die Saffman-Kräfte führen in Abhängigkeit vom Partikeldurchmesser zu Auslenkungsraten, die

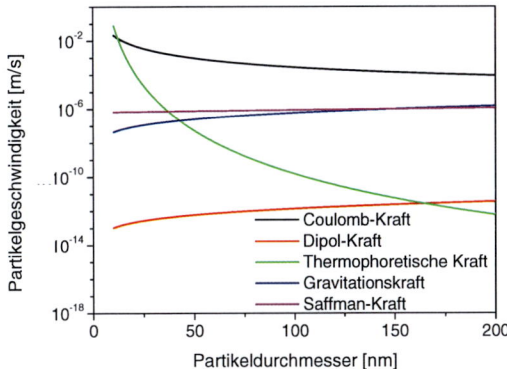

Abbildung 5.5: Abschätzung der durch die einzelnen Kräfte hervorgerufenen Auslenkungsgeschwindigkeiten der Partikel.

um 2 - 5 Größenordnungen darunter liegen. Die Verläufe dieser Kurven zeigen aber auch, dass für größere Durchmesser diese Effekte zunehmend an Bedeutung gewinnen und nicht mehr vernachlässigt werden dürfen. Die durch die Dipol-Kraft hervorgerufene Geschwindigkeit spielt in diesem Fall keine Rolle. Sie ist im Mittel um ca. 10 Größenordnungen kleiner als die aus der Coulomb-Kraft resultierenden Geschwindigkeit. Die thermophoretische Kraft liefert für sehr kleine Partikeldurchmesser Auslenkungsgeschwindigekeiten, die in der Größenordnung der Coulomb-Kraft liegen, wobei sie mit steigendem Partikeldurchmesser sehr stark abnimmt. Da in diesen Untersuchungen allerdings nur isotherme Strömungen betrachtet werden, muss die thermophoretische Kraft im Weiteren nicht betrachtet werden.

Zusammenfassend bedeutet dies, dass in der Kräftebilanz zur Berechnung der Partikelbewegung (Gl. 5.1) für die hier durchgeführten Untersuchungen, neben der Widerstandskraft (Gl. 5.7) und der „Brownschen Kraft" (Gl. 5.9) nur noch die Coulomb-Kraft (Gl. 5.8) berücksichtigt wird. Die van der Waals Wechselwirkung mit der Oberfläche sowie die Bildkraft werden innerhalb dieser Arbeit nicht berücksichtigt, da sie nur in unmittelbarer Nähe der Oberfläche bis zu einem Abstand, der in der Größenordnung eines Partikeldurchmessers liegt, relevant sind.

5.1.4 Validierung der Modellierung des Partikeltransports

In diesem Abschnitt wird das implementierte Partikelbewegungsmodell überprüft. Als numerischer Testfall wird hierzu das Transportverhalten von Partikeln in einem ebenen Kanal untersucht. In Abb. 5.6 ist die Berechnungsgeometrie mit einem schematischen Verlauf einer Partikelbahnlinie dargestellt. Basierend auf einem ausgebildeten stationären Strömungsfeld werden zum Zeitpunkt t_0 in der Kanalmitte an der Position x_0, y_0 eine große Anzahl von Partikeln mit verschiedenen Partikeldurchmessern aufgegeben. Aufgrund der Brownschen Bewegung werden die Partikel zusätzlich zum konvektiven Transport in axialer Richtung zufällig in alle Raumrichtungen ausgelenkt (Gl. 5.9). Abb. 5.7 zeigt die Aufweitung des Partikelstrahls senkrecht zur Hauptströmungsrichtung an der Position x_1 in Abhängigkeit vom Partikeldurchmesser. Die Abbildung macht deutlich, dass im Partikelgrößenbereich $25\,\mathrm{nm} \leq d_p \leq 100\,\mathrm{nm}$ die Brownsche Partikeldispersion einen unterschiedlich starken Einfluss besitzt. Während bei $d_p = 100\,\mathrm{nm}$ der Strahl kaum aufgeweitet wird, beobachtet man bei $d_p = 25\,\mathrm{nm}$ eine starke Auslenkung der Partikel in y-Richtung.

Über die mittlere quadratische Verschiebung der Partikel in y-Richtung

$$\langle (y_1 - y_0)^2 \rangle = 2 D_p (t_1 - t_0) \tag{5.18}$$

können die Simulationsergebnisse quantitativ ausgewertet werden und mit dem Stokes-Einstein-Ansatz für den Partikeldispersionskoeffizienten

$$D_p = \frac{k_b T_g C_{cun}}{3 \pi \mu_g d_p} \tag{5.19}$$

verglichen werden.

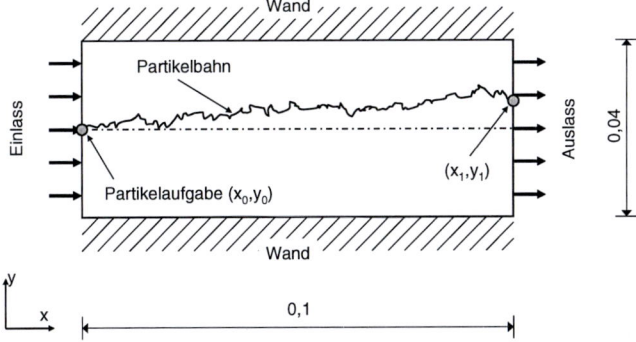

Abbildung 5.6: Testgeometrie zur Validierung des Diffusionsmodells mit einem exemplarischen Verlauf einer Partikelbahnlinie.

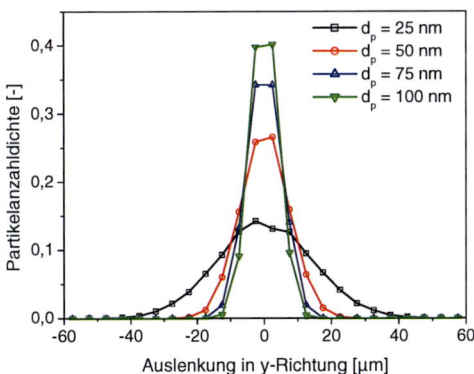

Abbildung 5.7: Aufweitung eines Partikelstrahls in Abhängigkeit vom Partikeldurchmesser d_p.

Abb. 5.8 zeigt den Vergleich der Diffusionskoeffizienten aus Simulation und dem Modell von Stokes-Einstein. Die Grafik zeigt eine sehr gute Übereinstimmung der Werte aus beiden Ansätzen.

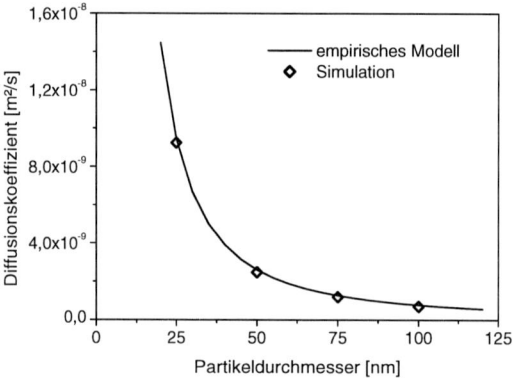

Abbildung 5.8: Vergleich der Diffusionskoeffizienten aus dem empirischen Ansatz nach Stokes-Einstein und der Simulation.

5.2 Partikelanlagerung

Innerhalb dieser Arbeit werden zwei unterschiedliche Ansätze zur Modellierung der Partikelanlagerung auf der Oberfläche des Partikelsensors untersucht, deren Modellierungsansätze im Folgenden beschrieben werden. Diese Ansätze unterscheiden sich in ihrer Modellierungstiefe und dem erforderlichen numerischen Aufwand sowie den Fragestellungen, die mit dem jeweiligen Ansatz beantwortet werden können.

5.2.1 Abscheidemechanismen

Der Transport der Rußpartikel zur und deren Abscheidung auf der Sensoroberfläche wird von den im vorangegangenen Abschnitt beschriebenen Kräfte bestimmt. Die dort durchgeführte Diskussion der einzelnen Kräfte für die in dieser Arbeit verfolgte Problemstellung hat ergeben, dass der Transport der elektrisch geladenen Rußpartikel maßgeblich durch elektrostatische Kräfte und Diffusioneffekte dominiert wird. Damit bei einer parallelen Überströmung des Sensorelements Partikel auf der Oberfläche deponieren können, sind Partikelkräfte erforderlich, die das Partikel senkrecht zur Hauptströmungsrichtung und hin zu den Elektroden beschleunigen. Diese Effekte sind abhängig von der lokalen Strömungssituation sowie der lokalen elektrischen Feldstärke und insbesondere unabhängig von ihrem

Abstand zur Oberfläche. In unmittelbarer Nähe zur Sensoroberfläche werden zusätzlich Wechselwirkungskräfte zwischen dem Partikel und der Oberfläche dominant. Die Abschätzung der Reichweite der van der Waals Kraft (Abb. 5.3) und der Bildkraft (Abb. 5.4) hat gezeigt, dass diese Kräfte allerdings erst bei Abständen des Partikels von der Oberfläche in der Größenordnung des Partikeldurchmessers relevant werden. Um den Einfluss dieser Kräfte im Simulationsmodell wiedergeben zu können, müsste in diesem Bereich das Strömungsfeld durch das Rechengitter sehr hoch aufgelöst beschrieben werden. Das bedeutet, dass lokale Gitterauflösungen Δx in der Größenordnung $\mathcal{O}(1 - 10\,\text{nm})$ in der Nähe der Oberfläche verwendet werden. Durch diese feine Diskretisierung steigt zum einen der numerische Aufwand erheblich an. Zum anderen wird dadurch die Voraussetzung, dass der Durchmesser der betrachteten Partikel deutlich kleiner als die Gitterzellen sein soll, bei der Kraftberechnung innerhalb des Lagrangeschen Ansatz zur Modellierung der Partikelphase verletzt.

5.2.2 Initiale Anlagerung

Unter initialer Anlagerung wird innerhalb dieser Arbeit die Anlagerung der Rußpartikel auf einer unbeladenen Oberfläche unter der Wirkung von Strömungskräften und elektrischen Feldkräften sowie Diffusionseffekten verstanden. Dabei wird die Rückwirkung bereits deponierter Partikel auf die weiteren Partikelanlagerungen vernachlässigt. Der Berechnungs- und Modellierungsaufwand ist hierfür gering, da die Gasströmung und das elektrische Feld nur einmal zu Beginn berechnet werden müssen und während des gesamten Anlagerungs- prozesses unverändert bleiben. In diesem Modell wird davon ausgegangen, dass sich ein Partikel nach erstmaligem Kontakt mit der Sensoroberfläche an dieser Position anlagert. Für dieses Partikel ist damit die Partikelbahnberechnung abgeschlossen und es wird dem Strömungsfeld entnommen („berührt = gefangen").

Aufgrund des sehr geringen Simulationsaufwands für die Partikelbahnberechnung im Ver- gleich zur Strömungsberechnung erlaubt dieses Modell die Berechnung einer sehr großen Anzahl an Partikelbahnen durch das Simulationsgebiet und damit statistisch abgesicherte Aussagen über das Anlagerungsverhalten auf dem Partikelsensor abzuleiten. Dabei kön- nen verschiedene Größen wie z. B. die Abscheideraten von Partikeln auf den untersuchten Modelloberflächen in Abhängigkeit von unterschiedlichen Randbedingungen und Betriebs- sparameter quantifiziert werden.

5.2.3 Partikelanlagerung mit Strukturbildung

Um den Wachstumsprozess dendritischer Partikelstrukturen auf Oberflächen beschreiben zu können, muss das oben beschriebene Modell für die initiale Partikelanlagerung erwei- tert werden. Diese Modellmodifikationen und dessen Integration in das Ablaufschema des numerischen Verfahrens wird im Folgenden beschrieben.

Eine Übersicht der Simulationssequenz ist in Abb. 5.9 dargestellt. Grundlage und damit erster Schritt im Simulationsablauf ist die Initialisierung des Rechengitters und die Vorgabe von Startwerten bzw. Randbedingungen auf den Gitterknoten. Danach werden das elektrische Feld und das Strömungsfeld berechnet. Basierend auf diesen beiden stationären Feldern beginnt nun die Berechnung der Partikelbahnen. Dazu werden kontinuierlich am Eintrittsrand des Strömungsfelds Partikel aufgegeben. Nach jedem Zeitschritt der Partikelbahnberechnung wird überprüft, ob eines der Partikel Kontakt zu einer Oberfläche hat. Solange kein Oberflächenkontakt erfolgt ist, wird die Simulationssequenz mit dem nächsten Zeitschritt der Partikelbahnberechnung fortgesetzt. Berührt ein Partikel innerhalb eines Zeitschritts die Oberfläche (Abb. 5.10, Bild 1), wird angenommen, dass das Partikel an dieser Stelle deponiert. Diese Modellannahme („berührt = gefangen") rechtfertigt sich durch die Tatsache, dass die van der Waals Kräfte beim Kontakt der Partikel mit der Oberfläche so groß werden, dass ein Abprallen (elastischer Stoß) nicht zu erwarten

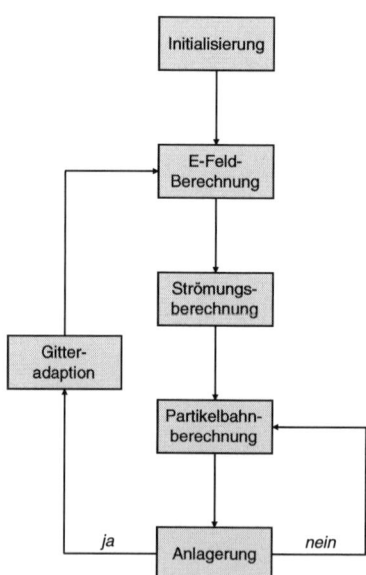

Abbildung 5.9: Ablaufsteuerung des Berechnungsmodells zur Berechnung aufwachsender Partikelstrukturen unter Berücksichtigung der Wechselwirkung angelagerter Partikel auf das elektrische Feld und das Strömungsfeld.

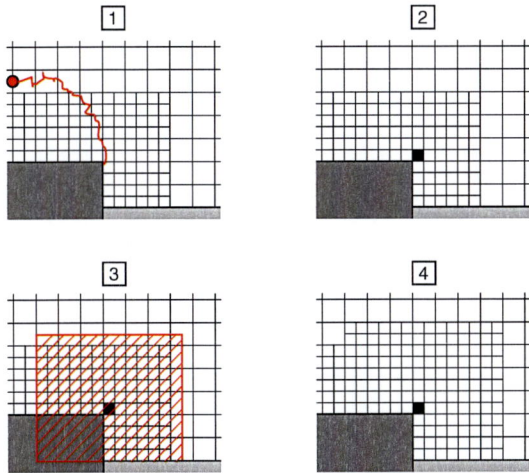

Abbildung 5.10: Exemplarischer Verlauf der Partikelbahn (1) mit Partikelanlagerung (2) und lokaler adaptiver Gitterverfeinerung (3 und 4).

ist. Nach erfolgter Partikeldeposition muss entschieden werden, welcher Fluidzelle das angelagerte Partikel zugeordnet wird. Dazu wird die Oberfläche der Wandzelle, an der der Kontakt vorliegt, in acht gleich große Segmente unterteilt (Abb. 5.11). Jedem dieser acht Segmente ist jeweils eine der acht benachbarten Fluidzellen zugeordnet. Dieser Zuordnung entsprechend werden nach jeder Anlagerung die Eigenschaften dieser Fluidzelle verändert. Der Modellparameter K_{col} bestimmt die Anzahl der Partikel, die in einer Zelle deponieren müssen, bevor diese Zelle vom Fluid- in den Solidzustand verändert wird (Abb. 5.10, Bild 2). Ist die gemäß des Werts von K_{col} erforderliche Anzahl an Partikeln lokal in einer Zelle deponiert, repräsentiert diese Zelle fortan einen Teil der Anlagerungsstruktur, an der sich im weiteren Verlauf neue Partikel anlagern können. Bevor jedoch der Simulationslauf fortgesetzt werden kann, muss überprüft werden, ob das aktuelle Rechengitter weiterhin allen Anforderungen des numerischen Verfahrens genügt. Eine der wesentlichen Forderungen im Hinblick auf eine hohe Qualität bei der Strömungs- und elektrischer Feldberechnung ist, dass der Abstand von Solidzellen, die Bestandteil der Anlagerungsstruktur sind, zur nächsten Fluidzelle einer anderen Diskretisierungsstufe, mindestens sechs Zellen der lokalen Diskretisierungsstufe beträgt. Dazu wird gemäß Abb. 5.10 (Bild 3) ein Kontrollvolumen um die Elemente der Anlagerungsstruktur gelegt, das den Abstand des neu angelagerten Partikels zum Interface der nächsten Gitterstufe überprüft. Überschreitet - wie in diesem Beispiel - dieses Kontrollvolumen das Interface zwischen zwei Gitterstufe, wird in dem

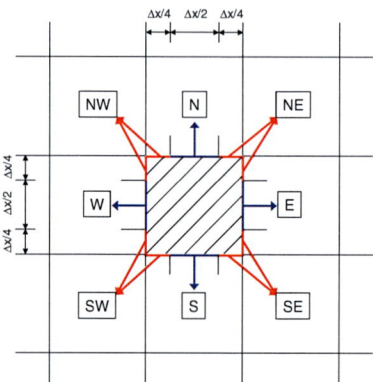

Abbildung 5.11: Zuordnung der Nachbarzellen für das Partikelanlagerungsmodell zur Berechnung aufwachsender Partikelstrukturen.

Überlappungsbereich das gröbere Rechengitter lokal verfeinert (Abb. 5.10, Bild 4).

Nach Abschluss der Gitteradaption müssen auf der Oberfläche die neuen Randbedingungen für die Berechnung der Strömung und des elektrischen Felds gesetzt werden. Für die Strömungsberechnung wird die Anlagerungsstruktur als nicht durchströmbar angenommen und somit an dessen Oberfläche eine Haftbedingung gesetzt. Für die Berechnung des elektrischen Felds wird angenommen, dass die Rußpartikel eine sehr hohe elektrische Leitfähigkeit besitzen. Dadurch kann als Randbedingung auf der Oberfläche des neuen Strukturelements das elektrische Potential der Wandzelle, an der sich das Partikel angelagert hat, angenommen werden.

Nachdem alle Modifikationen abgeschlossen sind, werden das an die neuen geometrischen Bedingungen angepasste stationäre Strömungsfeld und das elektrostatische Potentialfeld berechnet. Anschließend wird die Partikelbahnberechnung fortgesetzt. Die Bahnen der Partikel, die sich während des Anlagerungsvorgangs im Strömungsfeld befanden, werden von ihrer letzten Position ausgehend weiterberechnet.

6 Modellierung von aufwachsenden Partikelstrukturen und des Elektrodenkurzschlusses

Innerhalb dieses Kapitels wird zunächst gezeigt, wie sich die komplexe dreidimensionale Geometrie des Partikelsensors auf ein repräsentatives zweidimenensionales Rechengebiet reduzieren lässt. Für diese abstrahierte Modellgeometrie werden die Anfangs- und Randbedingungen für die Berechnung der Gasströmung, des elektrischen Felds und des Partikeltransports im weiteren Verlauf dieser Arbeit vorgestellt. An einem Beispiel wird die Dynamik der Partikelanlagerung und des Strukturwachstums ausführlich diskutiert. Danach wird der Einfluss verschiedener Modellparameter auf den Wachstumsprozess diskutiert und ein Standardparametersatz für die weiteren Berechnungen festgelegt. Abschließend wird ein Modellansatz vorgestellt, mit dem ein Kurzschluss zwischen zwei benachbarten Sensorelektroden durch einen Partikelpfad simuliert werden kann.

6.1 Modellreduktion für den Partikelsensor

Im Folgenden wird die Berechnungsgeometrie vorgestellt, die für die Simulationsrechnungen im weiteren Verlauf verwendet wird. Innerhalb dieser Arbeit wird ein zweidimensionaler Modellierungsansatz zur Berechnung der Gasströmung, des elektrischen Felds und des Partikeltransports entwickelt. Somit muss in einem ersten Schritt die komplexe dreidimensionale Geometrie des Partikelsensors auf ein zweidimensionales Modellproblem reduziert werden, das alle wesentlichen geometrischen und funktionalen Eigenschaften des zu untersuchenden Sensors berücksichtigt.

Abb. 6.1 zeigt eine mikroskopische Aufnahme der keramischen Sensoroberfläche mit der aufgebrachten Elektrodenstruktur. Die kammförmigen Pt-Elektroden, die in der Aufnahme hellgrau erscheinen, greifen dabei ineinander, wobei ein konstanter Abstand zwischen den einzelnen Elektroden unterschiedlicher Polarität herrscht. Innerhalb dieser Abbildung erfolgt die Anströmung der Elektrodenstruktur wie im Experiment von links. D. h. es werden nacheinander in alternierender Reihenfolge Elektroden wechselnder Polarität überströmt.

Die experimentellen Untersuchungen haben gezeigt, dass der dominante Beitrag zur Signaldynamik aus dem Bereich stammt, in dem die Elektroden parallel angeordnet sind. Der Randbereich der Elektrodenstruktur nimmt im Vergleich zur gesamten sensitiven Elektrodenoberfläche nur einen kleinen Teil ein. Für die weitere zweidimensionale Betrachtung wird der Sensor entlang der in Abb. 6.1 eingezeichneten roten Linie geschnitten und der Fokus auf die drei zuerst überströmten Elektroden gesetzt, die durch das rot gestrichelte Rechteck gekennzeichnet sind. Dadurch entsteht eine zweidimensionale Geometrie, wie sie

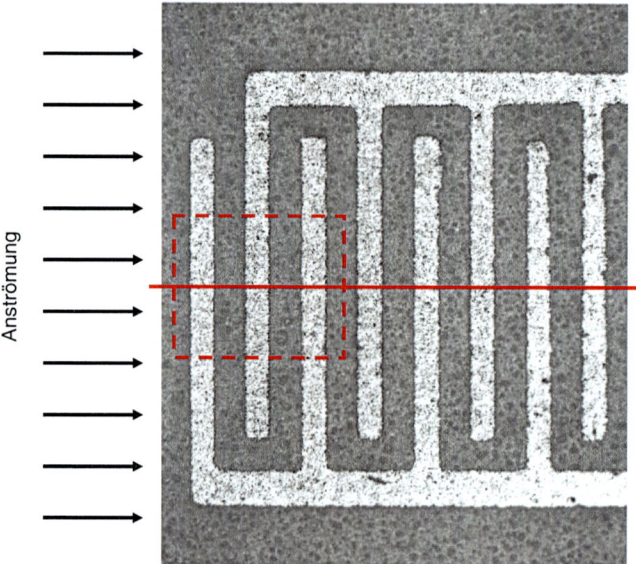

Abbildung 6.1: Mikroskopische Aufnahme der Sensoroberfläche mit der aufgeprägten Elektrodenstruktur. Anströmung von links nach rechts. Hell: Elektroden; dunkel: Sensoroberfläche.

in Abb. 6.2 dargestellt ist. Es ergibt sich ein System von drei hintereinanderliegenden Elektroden, die von links nach rechts überströmt werden. Der schematischen Abbildung des Berechnungsgebiets sind weiterhin die geometrischen Abmessungen der Elektroden zu entnehmen. Die Breite der Elektroden wird mit b_{el}, die Höhe mit h_{el} und der Abstand zwischen zwei benachbarten Elektroden mit b_{gap} bezeichnet. L_x kennzeichnet die Länge und L_y die Höhe des Rechengebiets für das Strömungsfeld. Untersuchungen in diesem Abschnitt werden zeigen, dass die Berechnung des elektrischen Felds andere Anforderungen an die Größe des Berechnungsgebiets als die Strömungsberechnung stellt. Dies wird insbesondere dann relevant, wenn innerhalb der Simulationsrechnung die Rückwirkung der aufgewachsenen Strukturen auf Strömungsfeld und elektrisches Feld abgebildet wird. So zeigt sich, dass für die Simulation der Gasphasenströmung das in Abb. 6.2 vorgestellte Teilgebiet aus dem Gesamtproblem ausreichend ist. Dieses fokussiert sich auf den unmittelbaren Nahbereich der Elektrodenstruktur. Dabei wird nur ein Volumenbereich mit einem maximalen Abstand von $L_y = 400\,\mu\text{m}$ senkrecht zur Oberfläche berücksichtigt. Die Länge des Zuströmbereichs vor der ersten Elektrode entspricht für den Standardberechnungsfall der doppelten Elektrodenbreite, im Abströmbereich der einfachen Elektrodenbreite.

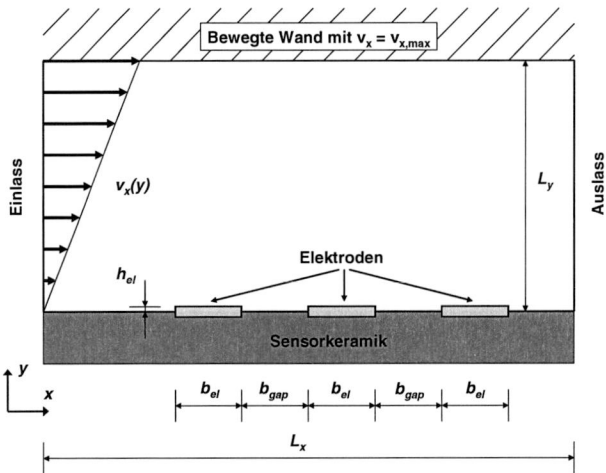

Abbildung 6.2: Abstrahierte 2d-Modellgeometrie des Versuchsträgers aus Abb. 6.1. Hell: Elektroden; dunkel: Sensorkeramik.

6.2 Randbedingungen

Im Folgenden werden die verwendeten Randbedingungen für die Berechnung der Gasströmung, des elektrischen Felds und des Partikeltransports innerhalb der reduzierten zweidimensionalen Modellgeometrie näher spezifiert.

6.2.1 Strömungsfeld

Für eine Abschätzung zur geeigneten Wahl der Randbedingungen für die Strömungsberechnung wird zunächst der parabelförmigen Geschwindigkeitsverlauf bei einer ebenen Kanalströmung (Abb. 6.3, links) betrachtet. Im rechten Bild sieht man, dass in unmittelbarer Wandnähe näherungsweise eine lineare Zunahme der Geschwindigkeit mit dem Abstand von der Oberfläche angenommen werden kann. Hier wird dieser Zusammenhang genutzt und auf die laminare Umströmung des Sensorelements übertragen. Somit wird am linken Eintrittsrand des Rechengebiets ein Couette-Profil

$$v_x(y) = v_{x,max} \frac{y}{L_y}, \tag{6.1}$$

das einer laminaren Scherströmung entspricht, und entlang des oberen Rands des Strömungsfelds bei $y = L_y$ eine konstante Fluidgeschwindigkeit $v_{x,max}$ vorgegeben.

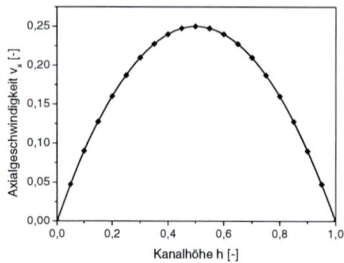 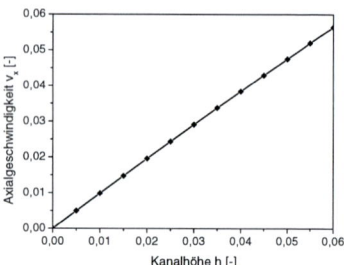

Abbildung 6.3: Geschwindigkeitsprofil in Hauptströmungsrichtung in einer Kanalströmung (links: Profil über die gesamte Kanalbreite; rechts: Profil im wandnahen Bereich).

Abb. 6.4 zeigt den Kontourverlauf der Geschwindigkeit in x-Richtung und den Verlauf der Stromlinien oberhalb des untersuchten Elektrodensystems. Die auf die Elektrodenhöhe bezogenen Re-Zahlen sind selbst bei den höchsten für diese Untersuchung relevanten Strömungsgeschwindigkeiten sehr klein (Re < 1). Aufgrund dieser niedrigen Re-Zahlen wird die Elektrodenstruktur ohne Ablösung der Strömung an den Anström- bzw. Abströmkanten der Elektroden schleichend umströmt.

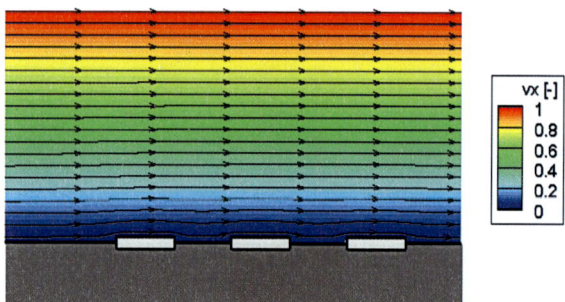

Abbildung 6.4: Konturverlauf der Geschwindigkeit in x-Richtung über der Sensoroberfläche und Stromlinien.

6.2.2 Elektrisches Feld

Wie bereits erwähnt, wird für die Berechnung des elektrischen Potentials bzw. Felds das Rechengebiet im Vergleich zum Gebiet für die Strömungsberechnung erweitert, damit eine sinnvolle über die gesamte Phase der Sensorbeladung konstante Randbedingung vorgegeben werden kann. Die erweiterte Geometrie ist in Abb. 6.5 dargestellt. Das vergrößerte Rechengebiet umfasst sowohl den gesamten Querschnitt innerhalb des Keramiksubstrats

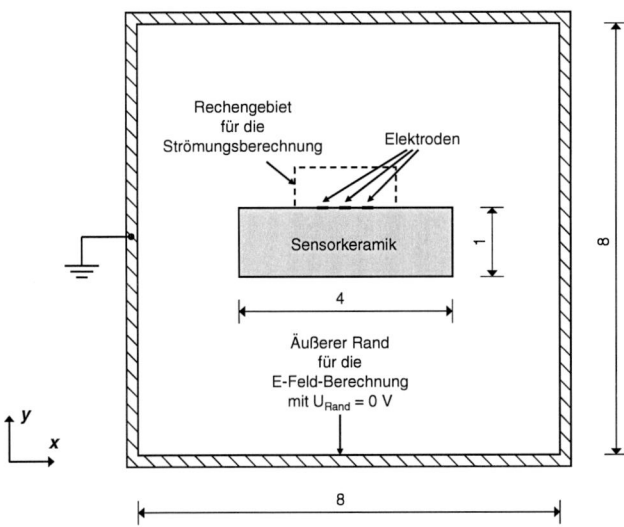

Abbildung 6.5: Schematische Darstellung des Rechengebiets für die Berechnung des elektrischen Felds. Gestrichelt: Rechengebiet für die Strömungsberechnung.

des Partikelsensors als auch eine deutliche Erweiterung des Gasphasenbereichs um den Sensor. Diese Erweiterung ist erforderlich, da für die Berechnung des elektrischen Potentialfelds die Vorgabe des Potentialverlaufs auf dem Rand des Rechengebiets notwendig ist. Damit diese Randbedingung während des gesamten Anlagerungsprozesses konstant gehalten werden kann, muss der Rand in ausreichender Entfernung zum Ort der Anlagerung gewählt werden. In den Anwendungsfällen dieser Arbeit beeinflusst die Strukturbildung den Verlauf des elektrischen Potentials auf dem Rand des Rechengebiets für die Strömungssimulation deutlich. Abb. 6.6 zeigt das elektrische Potential auf dem Rand parallel zur Elektrodenstruktur vor und nach mehreren Partikelanlagerungen. Man erkennt, dass selbst in einem Abstand von 400 μm von der Sensoroberfläche das Potential sich noch deutlich verändert. Würde das Potential während des gesamten Anlagerungsprozesses auf dem Rand für die Strömungsberechnung konstant gehalten, hätte dies direkte Auswirkungen auf die Strukturbildung.

In dieser erweiterten Geometrie (Abb. 6.5) wird auf dem gesamten äußeren Rand des Rechengebiets das Potential zu Null gesetzt. Dies entspricht in guter Näherung der Einbausituation innerhalb des experimentellen Aufbaus. Dort wird die Versuchsapparatur ebenfalls geerdet. Weiterhin muss als Randbedingung das elektrische Potential auf den Elektroden vorgegeben werden. Für die meisten im Weiteren betrachteten Fälle ist die mittlere Elektrode des 3-Elektrodensystems geerdet und die beiden äußeren Elektroden werden auf das

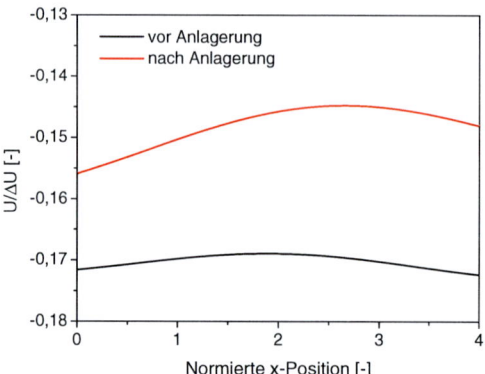

Abbildung 6.6: Normiertes elektrisches Potential auf einer Linie parallel zu den Sensorelektroden im Abstand von 400 µm zur Oberfläche vor und nach Partikelanlagerung.

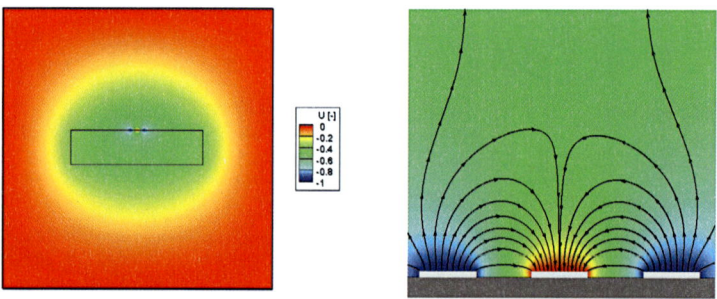

Abbildung 6.7: Elektrisches Potential (links: Gesamtgeometrie; rechts: Detailausschnitt des Elektrodenbereichs inklusive Feldlinien des elektrischen Felds).

jeweilige negative Potential gesetzt. Zusätzlich ist die Vorgabe der relativen Permittivität der Sensorkeramik erforderlich, um den Übergang des elektrischen Potentials zwischen Keramik und Gasphase zu bestimmen (Gl. 4.15). Für das als Trägerkeramik eingesetzte Aluminium-Oxid (Al_2O_3) ergibt sich eine relative Permittivität von $\epsilon_r = 9$.

Abb. 6.7 (links) zeigt das Simulationsergebnis für das elektrische Potentialfeld im erweiterten Rechengebiet. Auf der rechten Seite ist ein vergrößerter Ausschnitt dieses Felds in unmittelbarer Nähe der Elektrodenstruktur und der korrespondierenden elektrischen Feldlinien dargestellt. Die höchsten elektrischen Feldstärken treten dabei in unmittelbarer Nähe der Elektrodenoberfläche und dabei insbesondere an den Elektrodenkanten auf.

6.2.3 Partikeltransport

Für eine quantitative Bewertung und einen direkten Vergleich wurde die Vorgehensweise bei der Berechnung der dispersen Phase standardisiert. Dies betrifft insbesondere die Partikelaufgabe am Eintrittsrand des Berechnungsgebiets, die im Folgenden erläutert wird. Die Partikel werden entlang einer Linie, die parallel zum Einlassrand zur Berechnung des Strömungsfelds ist, aufgegeben. Der Abstand in x-Richtung zwischen dieser Linie und der ersten Sensorelektrode des Elektrodensystems beträgt die zweifache mittlere Elektrodenbreite. Die Partikelkonzentration entlang dieser Linie wird als konstant angenommen. Dies bedeutet, dass die lokale pro Zeiteinheit aufgegebene Partikelanzahl linear mit der lokalen oberflächenparallelen Strömungsgeschwindigkeit skaliert. Mathematisch wird diese Verteilung der Partikelstartposition y_p für das Couette-Strömungsprofil durch den Ansatz

$$y_p = \sqrt{\xi} L_{y,p} \qquad (6.2)$$

berechnet. Darin ist ξ eine zwischen 0 und 1 gleichverteilte Zufallszahl und $L_{y,p}$ der maximale Abstand von der Oberfläche, der den Bereich definiert, aus dem Partikel für die Partikelbahnberechnung aufgegeben werden.

6.3 Referenzfall

In diesem Abschnitt wird anhand eines konkreten Simulationsbeispiels der dynamische Verlauf des Anlagerungs- und Strukturbildungsprozesses zwischen den Sensorelektroden näher erläutert. Hierbei wird insbesondere der Transport der Rußpartikel im elektrischen Feld über der Sensoroberfläche diskutiert.

Abb. 6.8 zeigt eine Abfolge von Anlagerungsstrukturen zu unterschiedlichen Zeitpunkten des Beladungsvorgangs. Die Bilder zeigen jeweils einen Detailausschnitt des Bereichs zwischen der zweiten und dritten Sensorelektrode. Das Bild links oben in der Darstellung zeigt den unbeladenen Zustand. Die nachfolgenden Bilder der Anlagerungssequenz zeigen die Dendritstrukturen nach jeweils 20 weiteren angelagerten Partikeln. Die chronologische Sequenz des Anlagerungsprozesses zeigt, dass sich die ersten negativ geladenen Partikel an der hinteren Kante der mittleren positiven Elektrode anlagern. Man erkennt, dass sich bereits nach sehr wenigen deponierten Partikeln eine dünne Partikelstruktur ausbildet. Diese wächst unter den hier vorliegenden Bedingungen von der Elektrodenkante stromabwärts unter einem Winkel von ca. 40° zur Oberfläche in Richtung der benachbarten entgegengesetzt polarisierten Elektrode. In den folgenden Bildern der Anlagerungssequenz zeigt sich deutlich, dass sich die weiteren Partikel hauptsächlich an der Spitze der bereits existierenden Partikelstruktur anlagern. Auf der Elektrode selbst lagern sich in diesem Beispiel keine weiteren Partikel mehr an.

Mit Hilfe der Abbn. 6.9 - 6.11 kann die Ursache geklärt werden, warum die ersten Rußpartikel sich in diesem Bereich des Elektrodensystem anlagern. In Abb. 6.9 sind ausgewählte Partikelbahnen negativ geladener Partikel im Nahfeld der Sensoroberfläche, die diese von

97

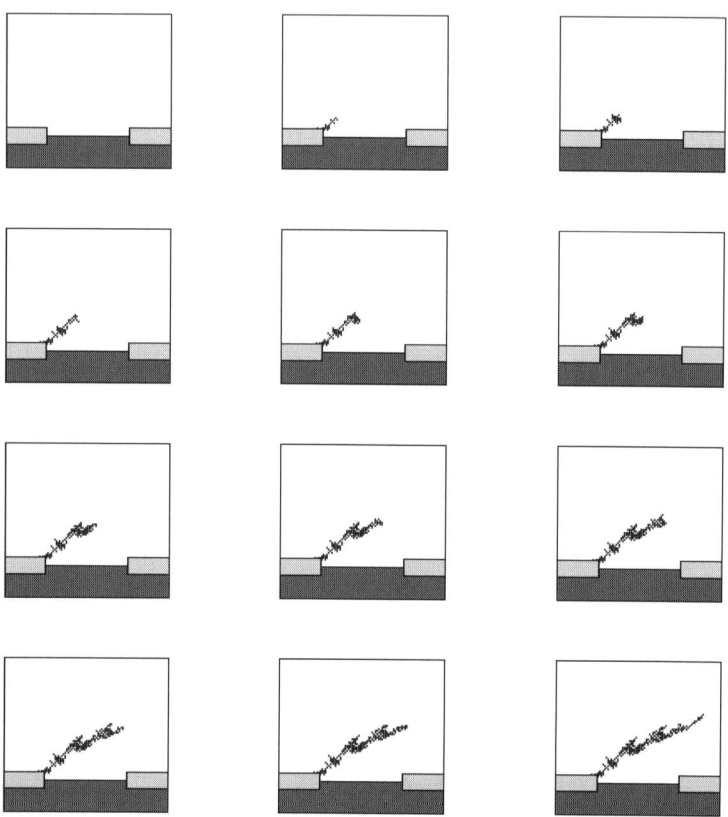

Abbildung 6.8: Zeitliche Entwicklung der Bildung von dendritischen Partikelstrukturen zwischen der zweiten und dritten Sensorelektrode.

links nach rechts überströmen, dargestellt. Der Kontur-Plot im Hintergrund zeigt das elektrische Potential. Das linke Bild verdeutlicht, dass die Partikel, sobald sie sich in der Nähe der ersten negativen Elektrode befinden, von der Oberfläche weg beschleunigt werden. Die Partikel werden somit innerhalb der Couette-Strömung in Bereiche höherer axialer Geschwindigkeit und geringerer elektrischer Feldstärke transportiert. Wenn diese Partikel nun weiter stromabwärts in den Einflussbereich der mittleren Elektrode kommen, wirken jetzt zwar attraktive, zur Oberfläche gerichtete Kräfte auf die Partikel, doch diese Kräfte sind in dieser Entfernung zur Elektrode betragsmäßig noch sehr schwach. Deswegen legen die Partikel eine Wegstrecke in Strömungsrichtung zurück, bis die Partikel kontinuierlich näher zur Elektrode beschleunigt werden und schließlich die Oberfläche berühren und somit dort entsprechend des Modellansatzes deponieren. Die rechte Darstellung der Abbildung zeigt einen

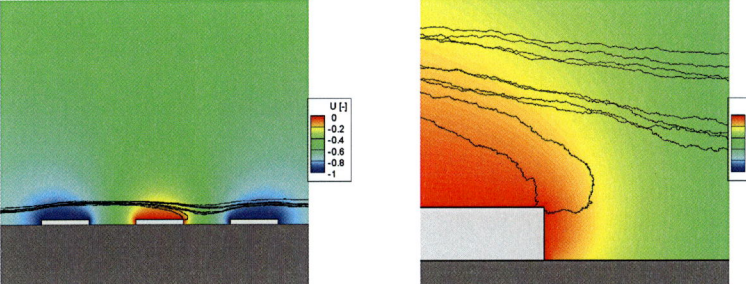

Abbildung 6.9: Visualisierung der Partikelbahnen im Bereich der Elektrodenstruktur mit dem dazugehörigen Verlauf des elektrischen Potentials.

Detailausschnitt im Bereich der hinteren Kante der mittleren Elektrode. Zum einen zeigt dieses Bild den detaillierten Weg der einzelnen Partikel zu ihrem Depositionsort bzw. über die Sensoroberfläche. Zum anderen wird hier aber auch der Einfluss der Brownschen Bewegung auf den Partikeltransport deutlich. Es zeigt sich, dass den Partikeln eine zufällige Bewegungskomponente senkrecht zu ihrer Hauptbewegungsrichtung überlagert wird und sie somit von dieser abgelenkt werden. Auf den Einfluss von Diffusionseffekten auf den Abscheidevorgang wird in Kap. 7 noch näher eingegangen.

Im Folgenden wird das elektrische Feld im Elektrodenbereich näher betrachtet und daraus Rückschlüsse auf den Partikeltransport abgeleitet. Abb. 6.10 zeigt die elektrische Feldstärke in x- und y-Richtung entlang eines Schnitts parallel zur Sensoroberfläche im Abstand von 10 μm von den Elektroden. Die dimensionslose Länge 1 stellt hier die Breite einer Elektrode dar, die in diesem Beispiel gleich des Elektrodenabstands ist. Somit befinden sich in dieser Darstellung jeweils an den Positionen $x = -2$, $x = 0$ und $x = 2$ die Mittelpunkte der drei Elektroden. Für die Abstoßung von bzw. die Anziehung der Partikel zur Oberfläche ist insbesondere die elektrische Feldstärke E_y normal zur Oberfläche maßgeblich verantwortlich. In der rechten Darstellung ist zu erkennen, dass jeweils an den Kanten der Elektroden die elektrische Feldstärke E_y im Vergleich zur Elektrodenmitte überhöht ist. Gleichzeitig erkennt man aber auch, dass in diesem Fall die in y-Richtung wirkenden Feldkräfte der mittleren Elektrode vom Betrag her größer sind als die der beiden Außenelektroden. Nur dadurch können überhaupt die von der ersten Elektrode abgestoßenen und in Bereiche höherer Geschwindigkeit transportierten Partikel von der mittleren Elektrode in ausreichender Stärke wieder angezogen werden, um dort zu deponieren.

Abb. 6.11 zeigt eine binäre Darstellung der elektrischen Feldstärke E_y zusammen mit den elektrischen Feldlinien über den Elektroden. Der rote Bereich ist durch $E_y > 0$, der grüne Bereich durch $E_y < 0$ gekennzeichnet. Diese Darstellung macht für den initialen, unbeladenen Fall deutlich, in welchem Bereich die einzelnen Rußpartikel unterschiedlicher elek-

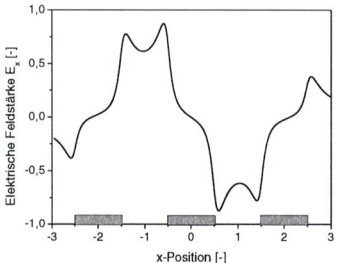 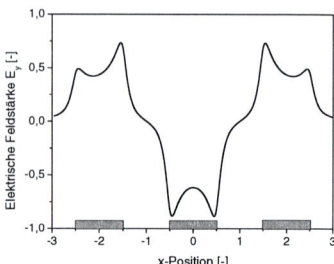

Abbildung 6.10: Elektrische Feldstärke im Abstand von 10 μm parallel zur Elektrodenoberfläche (links: E_x; rechts: E_y).

trischer Ladung zur Oberfläche hin bzw. von ihr weg beschleunigt werden.

In Ergänzung zu dieser Betrachtung des Strukturbildungsvorgangs wird an dieser Stelle außerdem auf die adaptive Gittersteuerung innerhalb des numerischen Vefahrens eingegangen. Das linke Bild der Abb. 6.12 zeigt die unbeladene Sensoroberfläche. Die Konturdarstellung beschreibt den Verlauf des elektrischen Potentials. Zusätzlich ist in den Abbildungen das Rechengitter in Form der Gitterknoten dargestellt. Man erkennt, dass für den initialen leeren Beladungszustand nur die Bereiche unmittelbar um die Elektroden durch das Gitter hoch aufgelöst werden. Das Bild auf der rechten Seite zeigt die beladene Sensoroberfläche mit einer bereits weit in den Raum und zur Nachbarelektrode gewachsenen Dendritstruktur. Zum einen wird aus der Abbildung ersichtlich, wie sich durch die adaptive Gittersteuerung

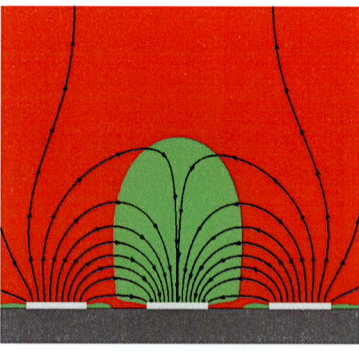

Abbildung 6.11: Binäre Darstellung des elektrischen Felds im Elektrodenbereich (rot: $E_y > 0$, grün: $E_y < 0$).

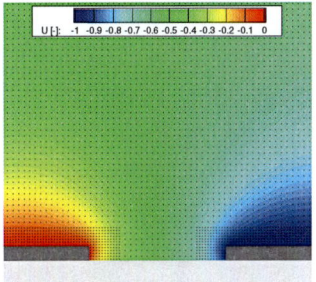 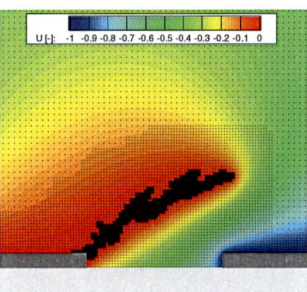

Abbildung 6.12: Adaptives Gitter und Rückwirkung der Partikelstrukturen auf das elektrische Feld vor (links) und nach (rechts) dem Anlagerungsprozess.

nach jeder erfolgten Partikelanlagerung das Rechengitter an die Struktur angepasst hat. Zum anderen gibt sie einen qualitativen Eindruck, wie stark sich das elektrische Potentialfeld im Nahbereich der Partikelstruktur während des Anlagerungsprozesses verändert. Inwieweit die Berücksichtigung dieser Anpassung für das Strukturwachstum relevant ist, wird im Abschn. 6.4.1, der sich ausführlich mit dem Einfluss verschiedener numerischer Parameter auf die Strukturbildung befasst, diskutiert.

Die Diskussion des Berechnungsergebnisses macht deutlich, dass sich alleine durch diese Modellierungstiefe und unter der Annahme starrer Strukturen kein Kurzschluss - also keine dendritische Brückenbildung - zwischen zwei benachbarten Elektroden herstellen lässt. Ein Ansatz zur Modellierung und Simulation des Elektrodenkurzschlusses wird Gegenstand des Abschn. 6.5 sein.

6.4 Numerisches Verfahren

In diesem Abschnitt werden verschiedene numerische Parameter und Simulationsstrategien vorgestellt und deren Auswirkungen auf die berechneten Rußstrukturen diskutiert. Es wird untersucht, ob eine numerisch aufwendige Berücksichtigung der Rückwirkung der Strukturbildung auf das elektrische Feld und das Strömungsfeld erforderlich ist. Weiterhin wird auf die Reproduzierbarkeit bei der Simulation der Anlagerungsstrukturen eingegangen und ein Modell zur statistischen Auswertung der Strukturen vorgestellt. Zusätzlich wird untersucht, inwieweit die räumliche Diskretisierung die Anlagerungsberechnung beeinflusst.

6.4.1 Rückwirkung der aufwachsenden Partikelstrukturen auf das Strömungsfeld und das elektrische Feld

Zur Untersuchung des Einflusses der Wechselwirkungen werden folgende Berechnungen der Strukturbildung durchgeführt:

1. keine Berücksichtigung der Rückwirkung der Strukturen auf das elektrische Feld und das Strömungsfeld (Abb. 6.13(a)),

2. keine Berücksichtigung der Rückwirkung der Strukturen auf das elektrische Feld, aber mit Berücksichtigung der Rückwirkung auf das Strömungsfeld (Abb. 6.13(b)),

3. mit Berücksichtigung der Rückwirkung der Strukturen auf das elektrische Feld, aber ohne Berücksichtigung der Rückwirkung auf das Strömungsfeld (Abb. 6.13(c)) und

4. mit Berücksichtigung der Rückwirkung der Strukturen auf das elektrische Feld und das Strömungsfeld (Abb. 6.13(d)).

Die einzelnen Abbildungen zeigen deutliche Unterschiede bezüglich des Strukturwachstums. Nur mit dem vollgekoppelten Modellierungsansatz können dünne langgestreckte Dendritstrukturen berechnet werden (Abb. 6.13(d)), wie sie auch bei den experimentellen Untersuchungen beobachtet wurden. Wird die Rückkopplung komplett oder bezüglich eines der beiden Felder vernachlässigt, ergeben sich eher kompakte, blockartige Strukturen. Diese wachsen v. a. dann entgegengesetzt zur Anströmrichtung, wenn das Strömungsfeld nicht an die neue Struktur angepasst wird. Da die Strukturbildung den freien Strömungsquerschnitt reduziert, wird das Fluid nach Anpassung des Strömungsfelds von der Oberfläche weg beschleunigt und somit auch die konvektiv mittransportierten Partikel. Andernfalls nähern sich Partikel auf einer flacheren Bahn der bereits bestehenden Struktur an und deponieren somit deutlich früher. Mit steigender Anzahl an deponierten Partikeln wird dieser Effekt verstärkt.

6.4.2 Gitterauflösung

Dieser Abschnitt widmet sich der Fragestellung, welche räumliche Gitterauflösung Δx erforderlich ist, um die für die Dynamik und die Strukturform relevanten Aspekte durch das Simulationsmodell abzubilden. Durch die beschränkte Rechnerkapazität ist es erforderlich, einen Kompromiss zwischen den konkurrierenden Gesichtspunkten Genauigkeit und Aufwand zu finden.

Um die Depositionsstruktur aus Rußagglomeraten im Simulationsmodell im numerischen Sinn exakt hochaufgelöst abzubilden, ist eine räumliche Diskretisierung im Nahbereich der Struktur in der Größenordnung $\Delta x = 5$ nm erforderlich. Selbst mit dem entwickelten nicht-äquidistanten adaptiven Algorithmus nimmt die benötigte Zellanzahl schnell sehr hohe Werte an, und eine numerische Berechnung wird in einem solchen Detaillierungsgrad mit den zur Verfügung stehenden Rechenkapazitäten unmöglich.

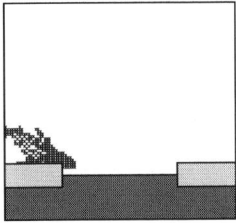

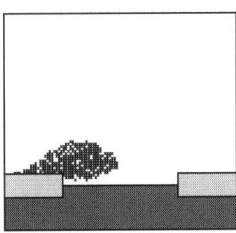

(a) Keine Berücksichtigung der Rückwirkung der Anlagerungsstrukturen auf das elektrische Feld und das Strömungsfeld.

(b) Keine Berücksichtigung der Rückwirkung der Anlagerungsstrukturen auf das elektrische Feld, aber mit Berücksichtigung der Rückwirkung auf das Strömungsfeld.

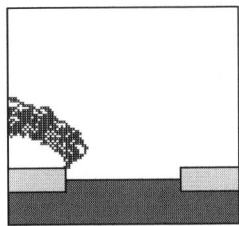

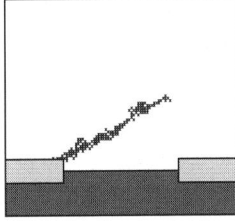

(c) Mit Berücksichtigung der Rückwirkung der Anlagerungsstrukturen auf das elektrische Feld, aber ohne Berücksichtigung der Rückwirkung auf das Strömungsfeld.

(d) Mit Berücksichtigung der Rückwirkung der Anlagerungsstrukturen auf das elektrische Feld und das Strömungsfeld.

Abbildung 6.13: Einfluss der Rückwirkung des elektrischen Felds und des Strömungsfelds auf die Strukturbildung.

Im Folgenden werden deswegen Simulationsergebnisse für variable räumliche Auflösungen der Depositionsstrukturen gezeigt. Dabei wurde die Gitterauflösung Δx zwischen 0,5 µm und 2 µm variiert. Die Abbn. 6.14 - 6.16 zeigen bei identischen Randbedingungen für drei unterschiedliche Diskretisierungen jeweils drei Anlagerungsstrukturen. Prinzipiell zeigen alle Bilder die gleiche Tendenz. In allen Fällen wachsen die Strukturen unter einem ähnlichen Winkel zur Oberfläche in einem dünnen Ast zur stromabwärts benachbarten Elektrode. Der größte Unterschied zeigt sich in der Fraktalität der Dendritstrukturen. Bei sehr feiner Auflösung der Struktur bilden sich sehr viele kurze filigrane Nebenäste aus. Die Anzahl dieser Nebenäste nimmt mit größerem Δx aufgrund der geringeren spezifischen Oberfläche der Struktur deutlich ab. Allerdings sind die wenigen Nebenäste bei „gröberer" Diskretisierung im Mittel länger.

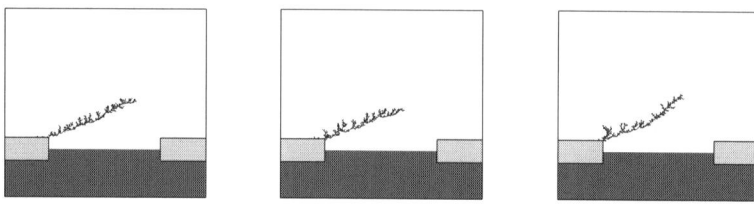

Abbildung 6.14: Strukturformation bei einer Gitterauflösung von $\Delta x = 0{,}5$ µm.

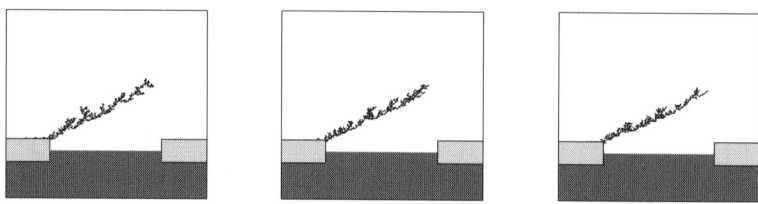

Abbildung 6.15: Strukturformation bei einer Gitterauflösung von $\Delta x = 1{,}0$ µm.

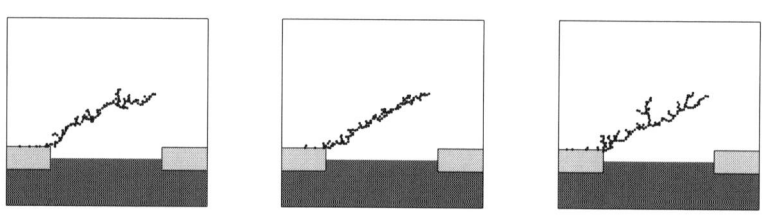

Abbildung 6.16: Strukturformation bei einer Gitterauflösung von $\Delta x = 2{,}0$ µm.

Zusammenfassend kann festgestellt werden, dass bereits mit einer groben Diskretisierung alle wesentlichen Merkmale der Struktur wiedergegeben werden können. Somit wird bei der Durchführung der weiteren Simulationsrechnungen eine Gitterauflösung von $\Delta x = 2$ µm verwendet.

6.4.3 Reproduzierbarkeit und statistische Auswertung

Die Ergebnisse aus dem vorherigen Abschnitt haben gezeigt, dass sich die Strukturen bei konstanten Randbedingungen teilweise erheblich unterscheiden. Die zufällige Anordnung der Partikel bei der Strukturbildung liegt hauptsächlich in zwei Ursachen begründet:

1. Durch die Brownsche Bewegung werden die Partikel zufällig in verschiedene Richtungen beschleunigt (vgl. Abb. 6.9, rechts).

2. Die vertikale Aufgabeposition der Partikel am Einlass erfolgt zufällig. Durch die Aufgabefunktion wird aber sichergestellt, dass über einen längeren Zeitraum gemittelt, die gewünschte Konzentrationsverteilung erfüllt ist (Gl. 6.2).

Durch diese Zufälligkeit bei der Partikelanordnung sind statistisch ausreichend abgesicherte Aussagen nach einer durchgeführten Simulationsrechung nicht möglich. Im Weiteren werden deshalb zwei Ansätze vorgestellt, um die Strukturformation und Anlagerungsdynamik statistisch auswerten zu können.

Für den ersten Ansatz werden in einem ersten Schritt zunächst eine große Anzahl an Einzelsimulationen durchgeführt. Dabei werden alle Randbedingungen - ausgenommen ist hiervon die zufällige Position der Partikelaufgabe - konstant gehalten. Bei der Auswertung werden nun allerdings nicht mehr die Einzelergebnisse analysiert, sondern es werden vielmehr alle Einzelstrukturen in einer Darstellung übereinandergelegt. In Abb. 6.17 ist das Ergebnis dieser Vorgehensweise für ein Beispiel exemplarisch dargestellt. Die Farbskala in der Darstellung repräsentiert die Häufigkeit, mit der ein Partikel an dieser Position in den Einzelsimulationen deponiert. Die Farben „rot" und „gelb" signalisieren, dass sehr viele Dendritstrukturen eine Partikelanlagerung an dieser Stelle haben. „Blau" markierte Bereiche sind dadurch gekennzeichnet, dass sie nur von wenigen Dendritstrukturen überdeckt werden. Ein großer Vorteil dieser Vorgehensweise liegt darin, dass man dadurch einen guten Überblick über die Vielzahl der möglichen Strukturformationen erhält. Diesem Vorteil

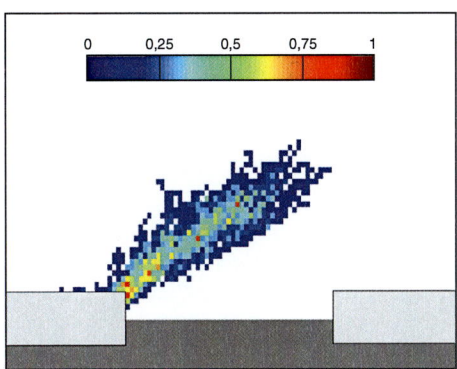

Abbildung 6.17: Statistische Auswertung der Partikelanlagerungsdichte aus 20 Einzelsimulationen bei gleichen Randbedingungen.

steht der Nachteil gegenüber, dass sich der Simulationsaufwand, bei dieser Herangehensweise vervielfacht.

Aus diesem Grund wird innerhalb dieser Arbeit ein anderer Weg verfolgt. Über den bereits oben beschriebenen Anlagerungsparameter K_{col} wird gesteuert, wieviele Partikel innerhalb einer Zelle deponieren müssen, bevor diese Fluidzelle in eine Solidzelle, die die Anlagerungsstruktur repräsentiert, umgewandelt wird. Dieser Ansatz entspricht der Tatsache, dass der Durchmesser der betrachteten Rußpartikel deutlich kleiner ist als die Gitterauflösung der Dendritstruktur ($\Delta x = 2$ μm). Zur Füllung des Volumens einer kompletten Fluidzelle sind somit mehrere Partikel notwendig. In Abb. 6.18 sind Dendritstrukturen für verschiedene Werte des Anlagerungsparameters K_{col} zwischen 1 und 10 dargestellt. Die Bilder der Depositionsstrukturen zeigen, dass sich lediglich bei $K_{col} = 1$ eine stark verzweigte, dendritische Struktur ausbildet, da hier die Brownsche Bewegung und die zufällige Aufgabeposition den größten Einfluss auf das Simulationsergebnis haben. Sobald der Wert des Anlagerungsparameters erhöht wird, ergeben sich deutlich kompaktere Anlagerungsstrukturen. Zwischen $K_{col} = 3$ und $K_{col} = 10$ unterscheiden sich die Strukturen bezüglich ihrer Fraktalität nur noch geringfügig.

Im Weiteren wird zur Berechnung der aufwachsenden Partikelstrukturen der Anlagerungsparameter $K_{col} = 5$ verwendet. Der Rechenaufwand steigt mit zunehmendem K_{col} nur unwesentlich, da der numerische Aufwand für die Berechnung der Strömung und des elektrischen Felds um ein Vielfaches höher ist als der für die Partikelbahnberechnung.

In Abb. 6.19 ist die Anlagerungsdynamik für drei Simulationsrechnungen unter gleichen Rand- und Betriebsbedingungen ausgewertet. Der Anlagerungsparameter ist zu $K_{col} = 5$ gewählt. Dazu wurde im Diagramm die akkumulierte Anzahl deponierter Partikel über der Simulationszeit aufgetragen. Die Darstellung erfolgt in normierter Form, indem die einzelnen Werte jeweils auf die maximale Anzahl deponierter Partikel bzw. auf die maximale Gesamtzeit bezogen werden. Alle drei Kurvenverläufe zeigen den gleichen charakteristischen Verlauf, wobei sie sich im Detail unterscheiden. Im Folgenden werden die einzelnen Teilbereiche des Dynamikverlaufs näher beleuchtet. Die Kurvenverläufe können prinzipiell in drei Teilbereiche gegliedert werden. Der erste Bereich ist durch eine sehr geringe Anlagerungsrate gekennzeichnet ($t < 0{,}1$). Nach einer gewissen Zeit, wenn sich die ersten Anlagerungskeime auf der Elektrode gebildet haben, beginnt der Übergangsbereich, in dem die Anlagerungsrate überproportional stark ansteigt ($t < 0{,}3$). Anschließend folgt der Bereich, der sich durch eine annähernd lineare Zunahme der angelagerten Partikel mit der Zeit auszeichnet. Da dieser Bereich im Vergleich zu den beiden vorangegangen Teilbereichen den größten und für die Sensorfunktion wichtigen Zeitraum einnimmt, wird dieser bei der Auswertung der Simulationsergebnisse in späteren Abschnitten im Mittelpunkt stehen.

6.5 Elektrodenkurzschluss

Die Ergebnisse zum Strukturwachstum und zum Einfluss verschiedener numerischer Parameter auf die Partikelanlagerung haben gezeigt, dass ohne weiteren Modellierungsaufwand

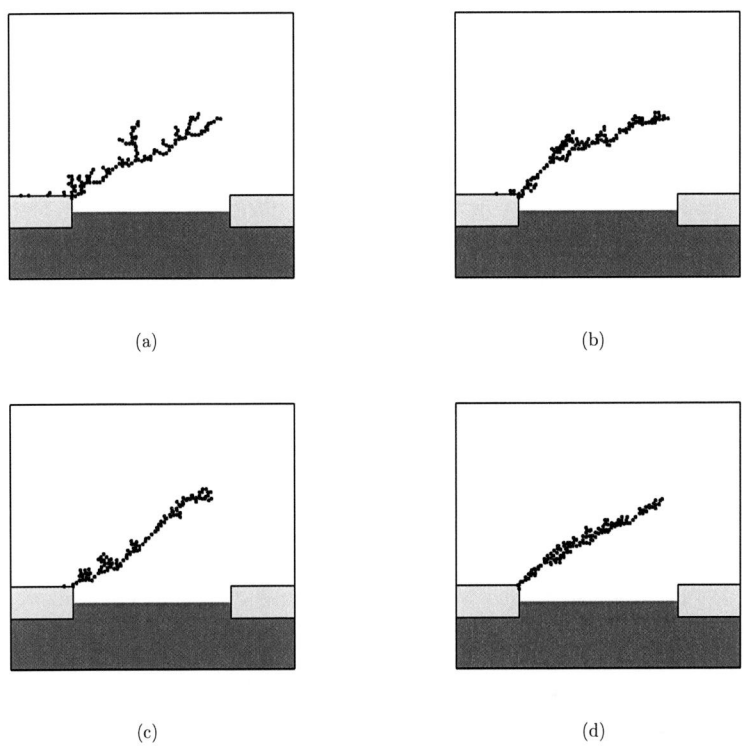

(a) (b)

(c) (d)

Abbildung 6.18: Einfluss des Anlagerungsparameters K_{col} auf die Strukturbildung: (a) $K_{col} = 1$; (b) $K_{col} = 3$; (c) $K_{col} = 5$; (d) $K_{col} = 10$.

kein Kurzschluss durch die dendritische Partikelstruktur zwischen den Sensorelektroden berechnet werden kann. Deshalb wird das bestehende Anlagerungsmodell erweitert. Von der Erweiterung bleibt der anfängliche Wachstumsprozess der Dendritstruktur auf der unbeladenen Sensoroberfläche, wie er bereits beschrieben wurde, unberührt.

Die Modellvorstellung, die hinter der Erweiterung des ursprünglichen Anlagerungsmodells steht, ist in Abb. 6.20 skizziert. Durch die parallele Überströmung der Sensoroberfläche wirken Druckkräfte auf die kontinuierlich anwachsende Struktur. Innerhalb der Couette-Strömung, in der die Geschwindigkeit linear mit dem Abstand zur Oberfläche ansteigt, nimmt somit der auf die Struktur wirkende Staudruck mit dem senkrechten Abstand zur Sensoroberfläche zu. Dadurch erfährt die Struktur ein Drehmoment, dass diese auf die Oberfläche und somit zur stromabwärts liegenden benachbarten Elektrode bewegt. Zusätzlich zu dieser hydrodynamischen Kraft wirken elektrostatische Kräfte auf die Struktur. Da die elektrische Leitfähigkeit des Rußes sehr hoch ist, wird angenommen, dass die Oberflä-

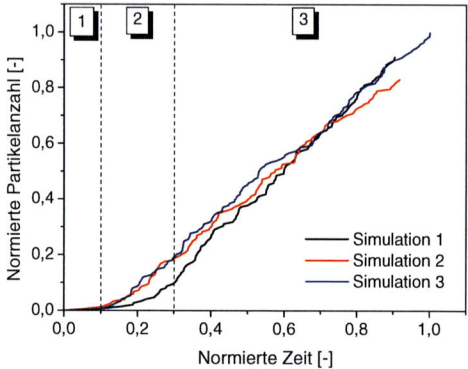

Abbildung 6.19: Zeitliche Entwicklung der Partikelanlagerung beim Strukturbildungs-prozess für drei Simulationsberechnungen bei gleichen Randbedingungen.

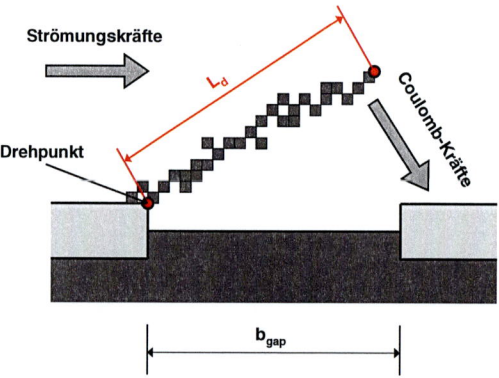

Abbildung 6.20: Schematische Darstellung des Modells zur Berechnung der Dendritver-formung und der Kurzschlussbildung zwischen zwei Elektroden durch die Partikelstruktur.

che der Rußstruktur in guter Näherung das elektrische Potential der Elektrode annimmt, auf der die Struktur wächst. Für die sich ausbildende Struktur bedeutet dies, dass sich durch die Potentialdifferenz zwischen der Struktur und der benachbarten Elektrode eine anziehend wirkende Coulombsche Kraft ausbildet. Die Kraft wird umso stärker, je näher sie an diese Elektrode heranwächst.

D. h. mit dem Anwachsen der Struktur nehmen die Kräfte, die die Struktur zur benachbarten Elektrode bewegen und damit den Kurzschluss hervorrufen, kontinuierlich zu. Im Modell wird dies folgendermaßen umgesetzt. Zunächst wird die Dendritstruktur während des Wachstums als starrer Körper betrachtet. Nach jeder neuen Partikelanlagerung wird die aktuelle maximale Länge des Dendrits L_d ermittelt. Diese entspricht dem Abstand zwischen dem Drehpunkt des Partikeldendrits (Abb. 6.20) und dem von diesem Ort am weitesten entfernten Partikel innerhalb der Struktur. Der Drehpunkt, um den sich die Struktur bewegen kann, entspricht der rechten Kante der mittleren Elektrode. Sobald die Dendritlänge den Elektrodenabstand b_{gap} zwischen den beiden Elektroden übersteigt und somit eine ausreichende Länge besitzt, um einen Kurzschluss zu realisieren, wird der Dendrit als starrer Körper um den Drehpunkt rotiert, bis der Kontakt zur Nachbarelektrode erfolgt.

In der Abb. 6.21 ist ein Simulationsbeispiel für den Elektrodenkurzschluss gezeigt. Auf der linken Seite ist die Dendritstruktur und das korrespondierende elektrische Potentialfeld kurz vor dem Kurzschluss dargestellt. Zu diesem Zeitpunkt hat die Partikelstruktur gerade die erforderliche Länge L_d erreicht, um die Distanz b_{gap} zwischen den beiden benachbarten Elektroden zu überbrücken. Dadurch wird das Modell für die Dendritverformung aktiviert. Die nach der Rotation entstehende Partikelstruktur, die nun eine durchgängige „Partikelbrücke" zwischen den Elektroden ausbildet, ist in der Abb. 6.21 (rechts) zu sehen. Sie stellt eine kurze, langgestreckte Verbindung zwischen den Elektroden dar, durch die jetzt ein elektrischer Stromfluss möglich ist. Weiterhin zeigt der Konturverlauf in der Abbildung das neue an die Struktur angepasste elektrische Potential. Aufgrund der sehr hohen elektrischen Leitfähigkeit des Rußes entspricht es annähernd dem Verlauf des elektrischen Potentials für den unbeladenen Sensor (vgl. Abb. 6.7).

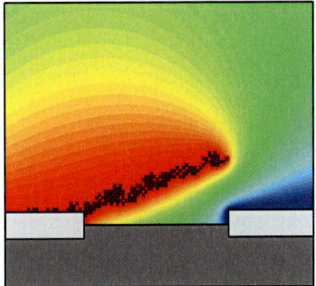 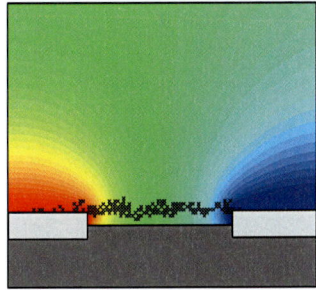

Abbildung 6.21: Dendritstruktur und Contour-Plot für das korrespondierende elektrische Potential kurz vor (links) und nach (rechts) dem Elektrodenkurzschluss.

7 Ergebnisse zur initialen Partikelabscheidung

Dieses Kapitel befasst sich mit der initialen Anlagerung der Rußpartikel auf der unbeladenen Sensoroberfläche. Die Rückwirkung angelagerter Partikel auf das elektrische Feld, die Gasströmung und den Partikeltransport bleiben dabei unberücksichtigt. Das Ziel ist die Quantifizierung des Einflusses verschiedener geometrischer Parameter und betriebsrelevanter Randbedingungen auf die Anlagerung.

7.1 Motivation und Zielgrößen

Im Vergleich zur Berechnung des Strukturwachstums ist der numerische Aufwand für die Untersuchung des initialen Abscheideverhaltens der Rußpartikel auf der Sensoroberfläche deutlich geringer. In diesem Fall muss nur einmal für den unbeladenen Zustand das Strömungsfeld und das elektrische Feld berechnet werden. Durch den geringeren Berechungsaufwand kann auf dieser Modellierungstiefe die Sensitivität eines großen Betriebs- und Designbereichs der Sensors bezüglich des Anlagerungsverhalten analysiert werden. Durch das damit erarbeitete Verständnis für die Wirkzusammenhänge kann der für den Sensorbetrieb relevante Parameterraum eingegrenzt werden.

Die Ergebnisse werden innerhalb dieser Untersuchung bezüglich der sogenannten Sensorreichweite und Abscheidehäufigkeit ausgewertet. Als Sensorreichweite wird der mittlere Abstand y_{RW} von der Sensoroberfläche entlang der Linie bezeichnet, an der die deponierten Partikel aufgegeben werden. Die Abscheidehäufigkeit ist das Verhältnis aus der Anzahl der im Elektrodenbereich deponierten Partikel und der entlang der Aufgabelinie insgesamt aufgegebenen Partikel. Die Auswertung dieser beiden Zielgrößen erlaubt viele Rückschlüsse auf die Anlagerungsdynamik und somit auf die zu erwartende Sensordynamik.

7.2 Definition des Referenzfalls und des untersuchten Parameterraums

In Tab. 7.1 ist der in diesem Kapitel untersuchte Wertebereich der Randbedingungen und geometrischen Parameter des Partikelsensors zusammengefasst. Alle Größen außer dem Partikeldurchmesser d_p sind in entdimensionierter Form angegeben. Für die Entdimensionierung werden die einzelnen Größen jeweils auf den Wert des Referenzfalls bezogen. Wenn nicht anders erwähnt wird im Folgenden bei der Sensitivitätsanalyse bezüglich eines

Parameter	Referenzfall	Minimum	Maximum
$\Delta U\ [-]$	1	1/3	2
$U_1\ [-]$	-1	-1	0
$U_2\ [-]$	0	0	+1
$v_x\ [-]$	1,0	0,4	1,6
d_p [nm]	100	50	200
$q_p\ [-]$	-1	-1	+1
$b_{el}\ [-]$	1,0	0,1	1,6
$b_{gap}\ [-]$	1,0	0,1	1,6
$n_{el}\ [-]$	3	3	33

Tabelle 7.1: Übersicht über die Randbedingungen und Designparameter des Referenzfalls und des untersuchten Wertebereichs bei den Berechnungen zur initialen Partikelanlagerung.

Parameters jeweils nur dieser Parameter zwischen dem Minimal- und Maximalwert variiert, während die anderen Größen den Wert des Referenzfalls annehmen. Weiterhin ist die volumenbezogene Partikelkonzentration $c_p^{(v)}$ innerhalb dieser Simulationsreihe konstant.

7.3 Einfluss der Elektrodenspannung

Die experimentellen Untersuchungen haben gezeigt, dass die elektrische Feldstärke eine der wesentlichen Einflussgrößen ist, die die Anlagerungsdynamik der elektrisch geladenen Rußpartikel auf der Sensoroberfläche bestimmt. Im Folgenden wird quantifiziert, inwieweit die zwischen den Elektroden angelegte Potentialdifferenz das Anlagerungsverhalten beeinflusst.

Im ersten Teil dieses Abschnitts wird dafür zunächst die Spannungsdifferenz ΔU zwischen den Sensorelektroden variiert. Dabei wird die mittlere Elektrode des untersuchten 3-Elektrodensystems geerdet, d. h. das elektrische Potential dieser Elektrode wird auf Null gesetzt. Die erste und dritte Elektrode werden jeweils auf das gleiche negative Potential gesetzt, sodass sich in dimensionsloser Schreibweise jeweils zwischen den beiden äußeren und der mittleren Elektroden eine Potentialdifferenz zwischen $-1/3$ und -2 einstellt.

Im zweiten Teil wird die Potentialdifferenz zwischen den Sensorelektroden konstant bei $\Delta U = 1$ gehalten. Allerdings wird dabei die Spannung der ersten und dritten Elektrode zwischen -1 und 0 und entsprechend die Spannung der mittleren Elektrode zwischen 0 und $+1$ variiert.

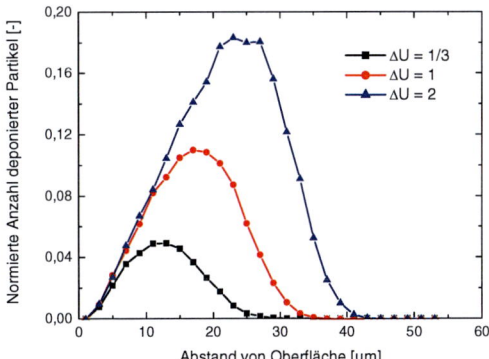

Abbildung 7.1: Anzahlverteilung des Herkunftsorts der Partikel in Abhängigkeit von der Spannungsdifferenz zwischen den Sensorelektroden.

In Abb. 7.1 ist für die Variation der Potentialdifferenz ΔU zwischen den Elektroden der Herkunftsort der im Elektrodenbereich deponierten Partikel dargestellt. Die Kurvenverläufe zeigen, dass jeweils in unmittelbarer Nähe der Sensoroberfläche die Anzahl angelagerter Partikel linear mit dem Abstand zum Sensor zunimmt. Dieser Anstieg entspricht qualitativ der linearen Zunahme der Anzahl aufgegebener Partikel mit dem Abstand zur Oberfläche (Gl. 6.2). Dies zeigt, dass aus diesem Nahbereich nahezu alle der von dort aufgegebenen Partikel auf der Sensoroberfläche abgeschieden werden. Weiterhin verdeutlicht die Abbildung, dass mit zunehmender Spannungsdifferenz zwischen den Elektroden die Anzahl deponierter Partikel deutlich zunimmt. Dieser Zusammenhang ist in Abb. 7.2 dargestellt. Dabei zeigt sich, dass im untersuchten Bereich die Anlagerungshäufigkeit linear mit der Spannungsdifferenz zunimmt.

Der Zusammenhang zwischen der angelegten Spannungsdifferenz ΔU und der Sensorreichweite y_{RW} ist in der Abb. 7.3 dargestellt. Die Reichweite ist dabei definiert als Median aus der Anzahlverteilung des Herkunftsorts der Rußpartikel aus Abb. 7.1. In der Grafik ist neben den Simulationsergebnissen auch der Verlauf der Approximation

$$y_{RW} = 8{,}2\ \mu\mathrm{m} + 0{,}8\ \mu\mathrm{m}\Delta U^{0,7} \tag{7.1}$$

dargestellt, der diesen Zusammenhang in dem untersuchten ΔU-Intervall beschreibt. Es zeigt sich, dass die Sensorreichweite proportional zu $\Delta U^{0,7}$ ist. Dieses Verhältnis ergibt sich aus der komplexen Wechselwirkung zwischen der parallelen Überströmung (Couette-Strömung) der Oberfläche und dem sich über den Sensorelektroden einstellenden inhomogenen elektrischen Feld.

In den bisherigen Betrachtungen zum Einfluss der Spannungsdifferenz auf die initiale Anlagerung wurde für die mittlere Elektrode stets das elektrische Potential $U = 0$ gewählt.

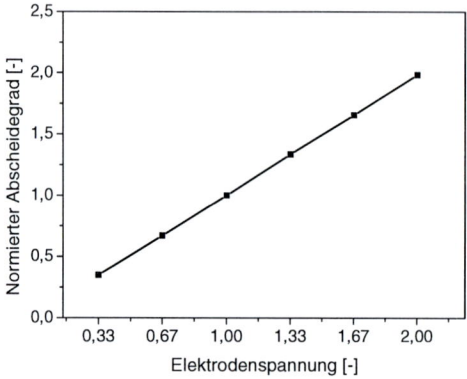

Abbildung 7.2: Normierte Abscheidehäufigkeit der Rußpartikel auf der Sensoroberfläche in Abhängigkeit von der Elektrodenspannung ΔU zwischen den Sensorelektroden.

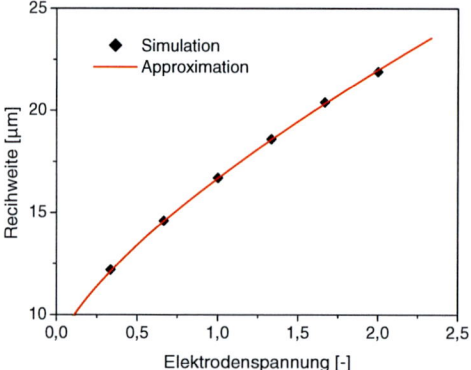

Abbildung 7.3: Mittlere Reichweite der Sensorelektroden in Abhängigkeit von der Elektrodenspannung ΔU zwischen den Sensorelektroden im Vergleich zwischen Simulation und Approximation.

An den beiden Nachbarelektroden wurde ein negatives Potential angelegt. Im Folgenden wird untersucht, inwieweit das absolute Potentialniveau der Elektroden bei einer konstanter Potentialdifferenz von $\Delta U = 1$ die Anlagerung beeinflusst.

Den Einfluss des Potentialniveaus der Sensorelektroden auf den Herkunftsort der deponierten Partikel zeigt die Abb. 7.4. Dabei stellt sich heraus, dass die Anzahl deponierter negativ geladener Partikel auf der mittleren Elektrode für den Fall $U_1 = 0$ und $U_2 = +1$

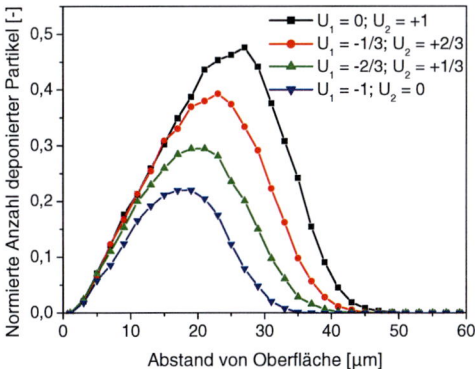

Abbildung 7.4: Anzahlverteilung des Herkunftsorts der Partikel in Abhängigkeit vom elektrischen Potential der mittleren Elektrode bei konstanter Spannungsdifferenz.

im Vergleich zum Fall $U_1 = -1$ und $U_2 = 0$ deutlich größer ist. Die gleiche Tendenz zeigt sich auch in der Analyse der Sensorreichweite, die in Abb. 7.5 in Abhängigkeit von der Spannung U_2 der mittleren Elektrode dargestellt ist. Dabei ergibt sich im untersuchten Spannungsbereich eine annähernd lineare Zunahme der Reichweite mit der Spannung U_2. Die Erklärung für die unterschiedlichen Abscheideeffizienzen und Sensorreichweiten bei konstanter Spannungsdifferenz und unterschiedlichen Potentialniveaus der Elektroden kann durch eine genauere Betrachtung des elektrischen Felds gegeben werden. In Abb. 7.6

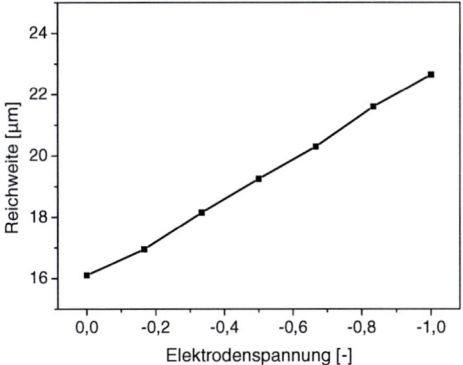

Abbildung 7.5: Mittlere Reichweite der Sensorelektroden in Abhängigkeit vom Potential der mittleren Elektrode bei konstanter Spannungsdifferenz.

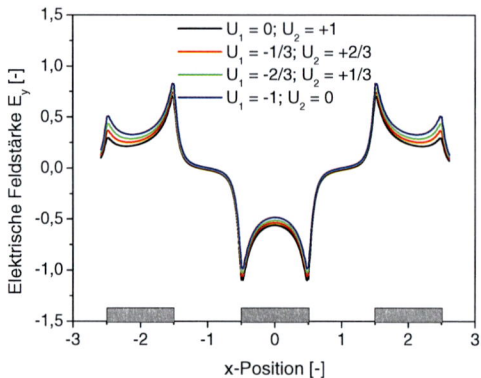

Abbildung 7.6: Elektrische Feldstärke E_y im Abstand von 10 μm parallel zur Elektrodenoberfläche bei unterschiedlichen Spannungsniveaus der Elektroden bei konstanter Spannungsdifferenz.

ist der Verlauf der elektrischen Feldstärke E_y in konstantem Abstand von 10 μm parallel zur Elektrodenoberfläche dargestellt. Die Mittelpunkte der drei Elektroden liegen an den x-Positionen -2, 0 und 2, d. h. die Kanten der Elektroden sind jeweils um $\Delta x = \pm 0{,}5$ verschoben. Die Grafik zeigt, dass bei $U_1 = -1$ die elektrische Feldstärke E_y an der linken Kante der ersten Elektrode den größten Wert annimmt. Dies ist darauf zurückzuführen, dass wie in Kap. 6.2.2 beschrieben auf dem äußeren Rand des Berechungsgebiets ein elektrisches Potential von Null vorgegeben wird und die beiden äußeren Kanten maßgeblich mit diesem Rand interagieren. Im Fall $U_1 = 0$ liegt die erste Elektrode und der Berechnungsrand auf dem gleichen Potential und somit ergibt sich im Bereich oberhalb der ersten Elektrode auch eine geringere Feldstärke E_y. Aus diesem Grund werden bei $U_1 = -1$ die betrachteten negativ geladenen Partikel von der ersten Elektrode stärker von der Oberfläche weg beschleunigt. Die Partikel gelangen damit in einen Bereich höherer Gasgeschwindigkeit parallel zur Oberfläche. In diesem weiter von der Oberfläche entfernten Bereich der mittleren Elektrode sind zudem die anziehenden Coulomb-Kräfte aufgrund der betragsmäßig geringeren elektrischen Feldkräfte niedriger, wodurch die Auswirkungen auf die Abscheidehäufigkeit und Sensorreichweite zusätzlich noch verstärkt werden.

7.4 Einfluss der Anströmgeschwindigkeit

Für den Betrieb des Sensors ist die Quantifizierung des Einflusses der Strömungsgeschwindigkeit bzw. des Volumenstroms von entscheidender Bedeutung, da sich bei den ständig wechselnden Motorbetriebpunkten unterschiedliche Abgasmassenströme einstellen und somit am Sensor ein ständig wechselnder Strömungszustand vorliegt. Im Folgenden wird der

Zusammenhang zwischen abgeschiedener Partikelmenge bzw. Sensorreichweite und der Anströmgeschwindigkeit näher betrachtet.

Abb. 7.7 zeigt hierzu die Anzahlverteilung des Herkunftsorts der Partikel am Eintrittsquerschnitt in Abhängigkeit von der normierten Anströmgeschwindigkeit v_x. Aufgund der

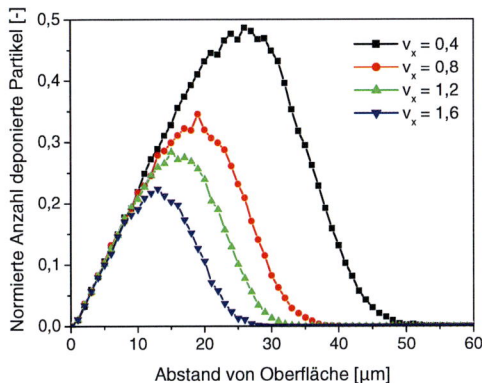

Abbildung 7.7: Anzahlverteilung des Herkunftsorts der Partikel in Abhängigkeit von der Anströmgeschwindigkeit v_x.

konstant gehaltenen volumenbezogenen Partikelkonzentration $c_p^{(v)}$ ist innerhalb dieser Simulationsreihe die pro Zeiteinheit aufgegebene Partikelmenge und somit der Partikelmassenstrom $\dot{M}_p$ ebenfalls konstant. Dies bedeutet, dass die massenbezogene Partikelkonzentration $c_p^{(m)}$ mit der Anströmgeschwindigkeit gemäß

$$c_p^{(m)} = \frac{\dot{M}_p}{\dot{V}_g} \tag{7.2}$$

in Abhängigkeit vom Gasvolumenstrom $\dot{V}_g$ bzw. der Anströmgeschwindigkeit v_x variiert. Ist der Einfluss der Anströmgeschwindigkeit bei konstanter Partikelkonzentration von Interesse, so müssen die Ergebnisse mit dem Zusammenhang aus Gl. 7.2 skaliert werden.

Für die detaillierte Auswertung der Ergebnisse aus Abb. 7.7 wird die normierte Abscheidehäufigkeit (Abb. 7.8) und die mittlere Sensorreichweite (Abb. 7.9) in Abhängigkeit von der Anströmgeschwindigkeit analysiert. Die Kurven verdeutlichen, dass beide Zielgrößen mit zunehmender Geschwindigkeit zurückgehen. Mit zunehmender Geschwindigkeit wird das Verhältnis der Coulombschen Kräfte $F_{p,y}$ normal zur Oberfläche zu den konvektiven Strömungskräften $F_{p,x}$ parallel zur Oberfläche kontinuierlich größer. Der Verlauf der Approximation an den simulierten Reichweitenverlauf in Abb. 7.9 zeigt, dass der Zusammenhang zwischen der Sensorreichweite y_{RW} und der Anströmgeschwindigkeit v_x durch

$$y_{RW} \propto \frac{1}{v_x^{0,45}} \tag{7.3}$$

beschrieben werden kann.

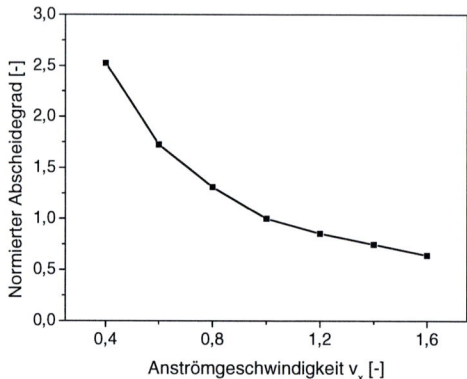

Abbildung 7.8: Normierte Abscheidehäufigkeit in Abhängigkeit von der Anströmgeschwindigkeit v_x.

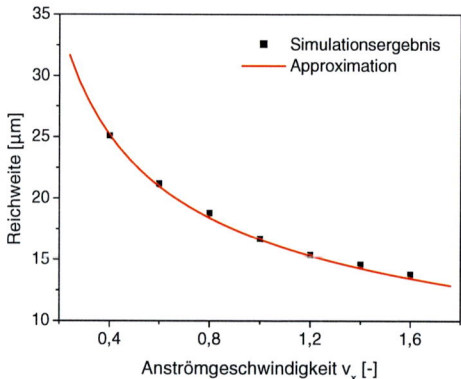

Abbildung 7.9: Mittlere Reichweite der Sensorelektroden in Abhängigkeit von der Anströmgeschwindigkeit v_x im Vergleich zwischen Simulation und Approximation.

7.5 Einfluss des Partikeldurchmessers

Sowohl im realen Abgasstrang eines Diesel-Pkw als auch im Abgas des im experimentellen Teil dieser Arbeit verwendeten CAST-Rußgenerators liegt eine polydisperse Partikelgrößenverteilung vor (siehe Abb. 2.5). Innerhalb dieses Abschnitts wird der Einfluss des Partikeldurchmessers d_p durch Betrachtung monodisperser Systeme auf das initiale Abscheideverhalten auf der Sensoroberfläche quantifiziert. Die Analyse der Anzahlverteilung der Partikelherkunft in Abb. 7.10 zeigt, dass mit kleinerem Partikeldurchmesser die auf dem Sensor abgeschiedene Menge an Partikeln deutlich zunimmt. Gleichzeitig nimmt auch die Größe des Bereichs zu, aus dem Partikel auf der Oberfläche deponieren. Der Zusam-

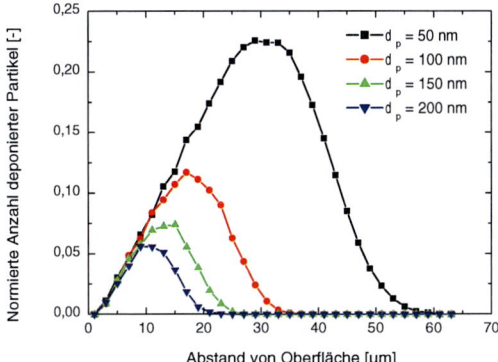

Abbildung 7.10: Anzahlverteilung des Herkunftsorts der Partikel in Abhängigkeit vom Partikeldurchmesser.

menhang zwischen dem Partikeldurchmesser d_p und der Sensorreichweite y_{RW} wird durch Abb. 7.11 verdeutlicht. Dabei zeigt der ebenfalls in der Darstellung eingetragene Kurven-verlauf der Approximationsfunktion, dass zwischen den beiden Größen der Zusammenhang

$$y_{RW} \propto \frac{1}{d_p^{0,75}} \tag{7.4}$$

besteht. Die Abnahme der Reichweite mit dem Partikeldurchmesser kann durch die Zu-nahme der Partikelmasse bzw. der Trägheit der Partikel mit steigendem Partikeldurchmes-ser erklärt werden. Die Zunahme der Trägheit und damit auch der Partikelrelaxationszeit führt dazu, dass größere Partikel einen längeren Zeitraum benötigen, um von den Sen-sorelektroden elektrophoretisch beschleunigt und damit auch von der mittleren Elektrode angezogen zu werden. Die Abschätzung der stationären Coulombschen Partikelgeschwindig-keit $v_{p,y}^{(coul)}$ aus dem Gleichgewicht zwischen Coulomb-Kraft und Widerstandskraft (Gl. 5.17) zeigte ebenfalls bereits, dass in einem homogenen elektrischen Feld $v_{p,y}^{(coul)}$ proportional zu $1/d_p$ ist.

Bei der Analyse des Orts der Partikelanlagerung auf der Sensorelektrode für unterschied-liche Partikeldurchmesser zeigt sich ein weiterer Aspekt, der eine große Relevanz bei der Bewertung der Funktion des Sensors besitzt. In Abb. 7.12 ist dazu die Anzahlverteilung der angelagerten Partikel über der x-Position auf der mittleren Sensorelektrode dargestellt. Die Werte sind dabei jeweils auf die maximale, lokal deponierte Partikelanzahl normiert. Die Position $x = 0$ repräsentiert in dieser Darstellung die rechte senkrechte Kante der Mittelelektrode. Die Grafik zeigt, dass die meisten Partikel in direkter Umgebung dieser Kante deponieren. Des Weiteren zeigt die Abbildung, dass bei kleineren Partikeldurch-messern eine erhebliche Menge an Partikeln weiter stromaufwärts auf der Sensorelektrode

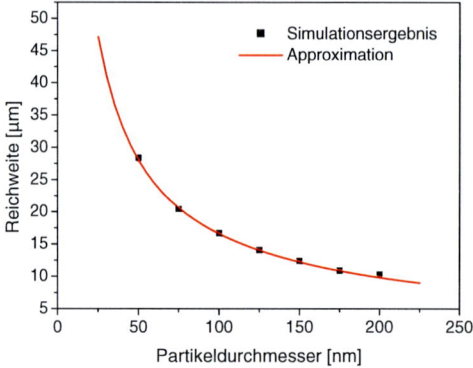

Abbildung 7.11: Mittlere Reichweite der Sensorelektroden in Abhängigkeit vom Partikeldurchmesser im Vergleich zwischen Simulation und Approximation.

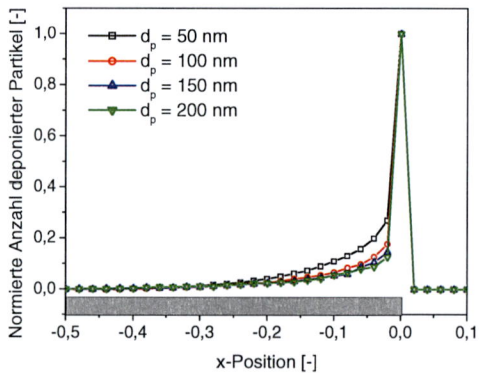

Abbildung 7.12: Normierte Anzahlverteilung des Depositionsorts der Partikel in Abhängigkeit vom Partikeldurchmesser. Die rechte Kante der mittleren Elektrode befindet sich bei $x = 0$.

anlagern. Hierfür ist neben dem oben beschriebenen Rückgang der Partikelträgheit auch die Zunahme der durch die Brownsche Bewegung hervorgerufenen Diffussionseffekte bei kleineren d_p verantwortlich.

7.6 Einfluss der Partikelladung

In den bisherigen Untersuchungen wurde stets das Anlagerungsverhalten der negativ geladenen Partikel auf der mittleren Sensorelektrode betrachtet. In diesem Abschnitt wird
deswegen das Anlagerungsverhalten der positiv geladenen bzw. der ungeladenen Rußpartikel auf dem Sensor untersucht. Dazu wird bei sonst konstanten Randbedingungen nur die
elektrische Polarität der Partikel variiert. Abb. 7.13 zeigt die Anzahlverteilung des Herkunftsorts der deponierten Partikel für einfach negativ bzw. einfach positiv geladene sowie
für elektrisch neutrale Partikel. Elektrisch positiv geladene Rußpartikel werden dabei signi-

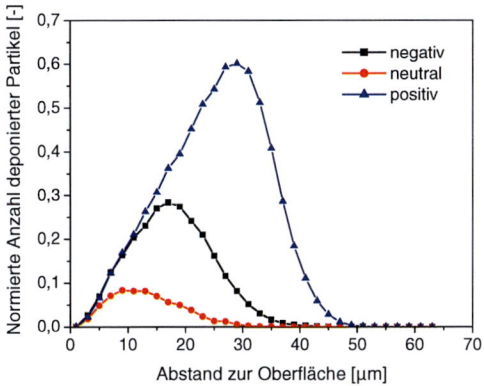

Abbildung 7.13: Anzahlverteilung des Herkunftsorts der Partikel in Abhängigkeit von
der Partikelladung.

fikant häufiger abgeschieden. Die Analyse des Anlagerungsorts dieser Partikel zeigt jedoch,
dass die meisten davon im Bereich vor bzw. auf der ersten Elektrode deponieren und somit
praktisch keinen Beitrag zur Zunahme des Stromsignals liefern. Vor der ersten Elektrode
des 3-Elektrodensystems erfahren die positiv geladenen Partikel nur attraktive Kräfte zur
Oberfläche hin. Im Gegensatz dazu werden die negativ geladenen Partikel, wie oben bereits beschrieben, zunächst von der ersten Elektrode abgestoßen, bevor sie dann von der
Mittelelektrode angezogen werden. Weiterhin zeigt die Darstellung, dass nur eine geringe
Menge ungeladener Partikel auf der Oberfläche abgeschieden werden. Da auf diese Partikel
keine elektrischen Feldkräfte wirken, ist der Transport dieser Partikel zur Oberfläche durch
diffusive Effekte dominiert.

7.7 Einfluss der Anzahldichte der Elektroden

Innerhalb dieser Simulationsreihe werden die Elektrodenbreite b_{el} und der Elektrodenabstand b_{gap} variiert. Dabei wird das Verhältnis der beiden Größen b_{el}/b_{gap} konstant bei 1

gehalten. Damit die Ergebnisse untereinander vergleichbar sind, wird in diesem Abschnitt die Anzahl der Sensorelektroden variiert. Somit wird gewährleistet, dass in allen Simulationen eine ähnliche effektive Elektrodenfläche, auf der sich die Rußpartikel anlagern können, vorliegt. Die Tab. 7.2 gibt eine Übersicht über die Anzahl negativer und positiver Elektroden bzw. der daraus resultierenden Elektrodenoberfläche für die untersuchten Geometrien. Die dimensionslose Breite und der Abstand wurden innerhalb dieser Simulationsreihe zwischen 0,1 und 1,6 variiert. Abb. 7.14 zeigt für vier ausgewählte Geome-

b_{el}/b_{gap}	Anzahl neg. Elektroden	Anzahl pos. Elektroden	Elektrodenfläche [-]
0,1/0,1	33	32	6,5
0,2/0,2	17	16	6,6
0,4/0,4	9	8	6,8
0,6/0,6	6	5	6,6
0,8/0,8	5	4	7,2
1,0/1,0	4	3	7,0
1,2/1,2	3	2	6,0
1,4/1,4	3	2	7,0
1,6/1,6	3	2	8,0

Tabelle 7.2: Überblick über die Anzahl der negativ und positiv polarisierten Elektroden bzw. der effektiven dimensionslosen Elektrodenfläche in Abhängigkeit von der Sensorgeometrie.

trien die Anzahlverteilung der Startposition der deponierten Partikel. In Abb. 7.15 ist die dazu korrespondierende Sensorreichweite in Abhängigkeit vom normierten Elektrodenabstand dargestellt. Die Grafiken zeigen kein einheitliches Bild des funktionalen Zusammenhangs zwischen Abscheidehäufigkeit bzw. Reichweite und Elektrodenkonfiguration. Es zeigt sich, dass für geringe Elektrodenabstände $b_{gap} \leq 0{,}6$ die Sensorreichweite zunächst stark ansteigt. Bei einem dimensionslosen Abstand von $b_{gap} = 0{,}6$ erreicht der Verlauf der Reichweite das Maximum. Für größere Werte geht die Reichweite und auch die Abscheidehäufigkeit wieder leicht auf ein schließlich nahezu konstantes Niveau zurück. Eine Erklärung dieser Beobachtung kann erneut durch eine nähere Betrachtung des elektrischen Felds für die unterschiedlichen Geometrien gegeben werden. Die Abb. 7.16 zeigt für ausgewählte Geometrien den Verlauf der elektrischen Feldstärke E_y parallel zum Sensor im Abstand von 4 µm von der Elektrodenoberfläche. Die Position $x = 0$ kennzeichnet jeweils den Mittelpunkt der mittleren Elektrode des n-Elektrodensystems. Es zeigt sich deutlich, dass mit sinkendem Elektrodenabstand die maximalen Werte von E_y stark ansteigen. Mit Hilfe des Verhältnisses zwischen der angelegten Spannungsdifferenz ΔU und des Elektrodenabstands b_{gap} kann die Größenordnung der elektrischen Feldstärke abgeschätzt werden. Bei kleinen Elektrodenabständen und somit hohen Feldstärken ist nicht nur die anziehende

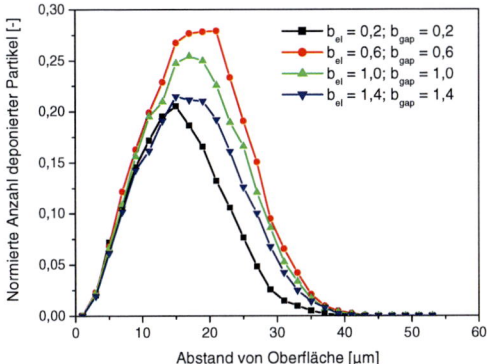

Abbildung 7.14: Anzahlverteilung des Herkunftsorts der Partikel in Abhängigkeit vom Abstand von zwei benachbarten Elektroden.

sondern zwangsläufig auch die abstoßende Kraft besonders hoch. Gleichzeitig ist durch die geringere Elektrodenbreite die Verweildauer der Partikel über den anziehend wirkenden Elektroden zu kurz, damit in großer Menge Partikel zur Oberfläche hin beschleunigt und dann schließlich dort deponieren können. Nach Überschreiten des Maximums kompensieren sich die beiden Effekte, sodass sich die Elektrodenreichweite auf einem konstanten Niveau einpegelt.

7.8 Einfluss des Elektrodenabstands und der Elektrodenbreite

Im Gegensatz zum vorangegangenen Abschnitt wird hier der Einfluss des Elektrodenabstands bei konstanter Elektrodenbreite bzw. der Einfluss der Elektrodenbreite bei konstantem Abstand zwischen den Elektroden auf die Sensorreichweite diskutiert. In Abb. 7.17 sind die jeweiligen Zusammenhänge dargestellt. Zum einen zeigt sich, dass mit kürzerem Elektrodenabstand die Sensorreichweite stark zunimmt. Dies kann ebenfalls darauf zurückgeführt werden, dass die maximale elektrische Feldstärke $E_y^{(max)}$, die mittels

$$E_y^{(max)} \propto \frac{\Delta U}{b_{gap}} \tag{7.5}$$

abgeschätzt werden kann, mit sinkendem Abstand b_{gap} zunimmt. Gleichzeitig veranschaulicht die Darstellung auch, dass mit zunehmender Elektrodenbreite die Sensorreichweite und damit auch die Abscheidehäufigkeit zunimmt. Dies kann dadurch erklärt werden, dass sich die Rußpartikel bei den breiteren Elektroden für einen längeren Zeitraum im anziehenden Einflussbereich der Elektroden befinden.

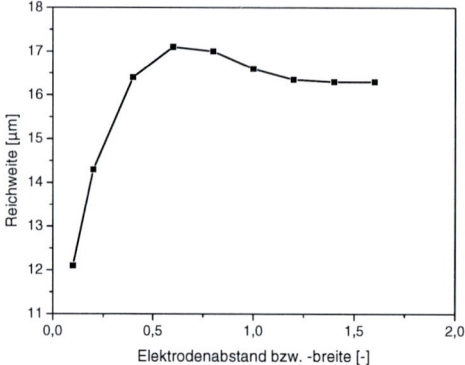

Abbildung 7.15: Mittlere Reichweite der Sensorelektroden in Abhängigkeit vom Abstand von zwei benachbarten Elektroden.

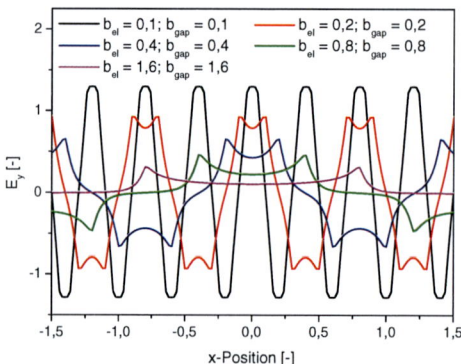

Abbildung 7.16: Verlauf der elektrischen Feldstärke E_y parallel zur Sensoroberfläche im Abstand von $4\,\mu m$ von den Elektroden bei Variation der Elektrodenbreite und des Elektrodenabstands.

7.9 Zusammenfassung der Ergebnisse zur initialen Partikelanlagerung

Die wesentlichen Erkenntnisse zur initialen Partikelabscheidung auf der Sensoroberfläche werden hier kurz zusammengefasst und bewertet. Für eine effiziente geometrische Auslegung des Sensorelements und zur Interpretation des Sensorsignals im Steuergerät bezüglich aktueller Rußkonzentrationen im Abgasstrang ist die Ermittlung eines funktionalen Zusammenhangs zwischen der Sensorreichweite y_{RW} und den wesentlichen geometrischen

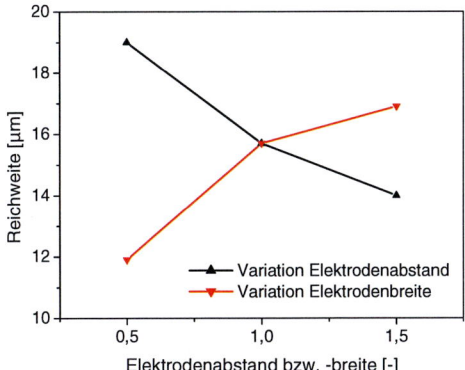

Abbildung 7.17: Mittlere Reichweite der Sensorelektroden in Abhängigkeit vom Abstand von zwei benachbarten Elektroden und von der Elektrodenbreite.

Abmessungen und Betriebsbedingungen des Sensors erstrebenswert.

Die Auswertung der in diesem Kapitel vorgestellten Ergebnisse ergibt, dass ein linearer Zusammenhang zwischen der Sensorreichweite y_{RW} und einem dimensionlosen Depositionsparameter K_{dep} besteht, wenn dieser die Form

$$K_{dep} = \sqrt{\Delta U \frac{b_{el}}{\sqrt{b_{gap}}} \left(\frac{d_p}{100 \text{ nm}}\right)^2 \frac{1}{v_x}} \qquad (7.6)$$

annimmt. Gl. 7.6 berücksichtigt die Elektrodenspannung ΔU, die Elektrodenbreite b_{el}, den Elektrodenabstand b_{gap}, den Partikeldurchmesser d_p und die Anströmgeschwindigkeit v_x. Dabei wird angenommen, dass die Detektoreinheit des Sensorelements aus einem System aus drei parallelen Elektroden besteht.

In Abb. 7.18 ist der Zusammenhang zwischen y_{RW} und K_{dep} zusammen mit einer Approximationsfunktion der Form $y_{RW} \propto K_{dep}$ dargestellt. Die Grafik zeigt, dass im untersuchten Intervall ein annähernd linearer Zusammenhang zwischen den beiden Größen existiert, der nur eine geringe Streuung um den rot eingezeichneten Verlauf der approximierten Geraden mit der Steigung $\Delta y_{RW}/\Delta K_{dep} = 0,76$ µm aufweist. Mit Hilfe dieses Ansatzes ist es möglich, innerhalb des Gültigkeitsbereichs für beliebige Betriebs- und Designparameter die korrespondierende Sensorreichweite vorherzusagen.

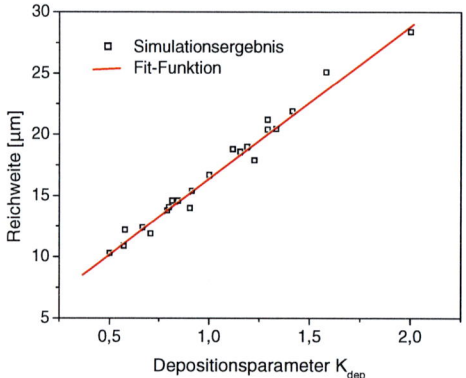

Abbildung 7.18: Mittlere Reichweite der Sensorelektroden in Abhängigkeit vom dimensionslosen Depositionsparameter K_{dep} aus Gl. 7.6.

8 Ergebnisse für aufwachsende Partikelstrukturen

Im Folgenden werden die Simulationsergebnisse, die mit dem in Abschn. 6.5 beschriebenen Dendritverformungsmodell erzielt wurden, vorgestellt. Nach einer kurzen Motivation für diese Untersuchungen wird der untersuchte Betriebs- und Designbereich definiert und die Vorgehensweise bei der Ergebnisauswertung erläutert. Danach werden in Abhängigkeit von den Rand- und Betriebsbedingungen die Ergebnisse zur Anlagerungsdynamik diskutiert. Bei der Untersuchung des Spannungseinflusses auf die Dynamik werden zusätzlich die Ergebnisse mit den experimentellen Daten aus Kap. 2 verglichen.

8.1 Motivation

Im Vergleich zu den im vorangegangenen Kapitel diskutierten Ergebnissen zur initialen Partikelanlagerung wird hier die Rußbeladung des Sensors in einer detaillierteren Modellierungstiefe untersucht. Ein wichtiges Merkmal bei diesem Modellierungsansatz ist, dass der Einfluss bereits abgeschiedener Partikel auf der Sensoroberfläche berücksichtigt wird. Die Auswirkungen auf den weiteren Beladungsvorgang wurden bereits in Kap. 6.4.3 dargestellt. Während in den bisherigen Untersuchungen die ausgewerteten Zielgrößen die Abscheidehäufigkeit und Sensorreichweite gewesen sind, steht hier mit der Auslösezeit eine Größe, die die zeitliche Dynamik des Sensors charakterisiert, im Vordergrund. Der Modellierungsaufwand ist wesentlich höher als bei der Simulation der initialen Rußanlagerung. Dafür ermöglicht dieser Ansatz direkte Rückschlüsse vom untersuchten Parameterraum auf die Sensordynamik. Damit können die Sensorgeometrie ausgelegt und eine optimale Betriebsstrategie abgeleitet werden.

8.2 Definition des Referenzfalls und des untersuchten Parameterraums

Die Randbedingungen und geometrischen Parameter für die in diesem Kapitel durchgeführten Studien sind in Tab. 8.1 zusammengefasst. Wie bereits im vorangegangenen Kapitel werden alle Größen außer dem Partikeldurchmesser d_p in dimensionsloser Form angegeben, indem die einzelnen Größen jeweils auf den Wert des Referenzfalls bezogen werden. Bei den folgenden Untersuchungen zur Sensorauslösezeit wird jeweils nur ein Parameter zwischen dem Minimal- und Maximalwert variiert und die anderen Parameter werden auf den Referenzwert gesetzt. Innerhalb dieser Simulationsreihe ist die volumenbezogene Partikelkonzentration $c_p^{(v)}$ konstant.

Parameter	Referenzfall	Minimum	Maximum
ΔU $[-]$	1	1/3	2
U_1 $[-]$	-1	-1	-1
U_2 $[-]$	0	0	0
v_x $[-]$	1,0	0,4	1,6
d_p [nm]	100	25	200
q_p $[-]$	-1	-1	-1
b_{el} $[-]$	1,0	1,0	1,0
b_{gap} $[-]$	1,0	0,6	1,6
n_{el} $[-]$	3	3	9

Tabelle 8.1: Übersicht über die Randbedingungen und Designparameter des Referenzfalls und des untersuchten Wertebereichs bei den Berechnungen zum Strukturwachstum und Elektrodenkurzschluss.

8.3 Ergebnisauswertung

Die Auslösezeit t_A (vgl. Kap. 2) ist eine der wesentlichen Messgrößen, die die Funktion des Partikelsensors charakterisieren. Sie ist als die Zeit definiert, bei der ein bestimmter elektrischer Stromfluss über die Elektroden des Sensors gemessen werden kann. Dazu ist es notwendig, dass sich über die gesamte sensitive Oberfläche des Sensors eine größere Anzahl geschlossener Rußpfade zwischen den Elektroden ausgebildet haben. Innerhalb der zweidimensionalen Simulationen wird allerdings nur ein Detailausschnitt des gesamten Sensors betrachtet, und somit wird nur die Bildung eines einzelnen, repräsentativen Rußpfads berechnet.

Für die Validierung des Anlagerungs- und Dendritwachstumsmodells wird im folgenden Abschnitt die experimentell ermittelte Auslösezeit des Sensors mit der simulierten Wachstumszeit bis zum Elektrodenkurzschluss in Abhängigkeit von der Elektrodenspannung verglichen.

8.4 Einfluss der Elektrodenspannung

Der erste Abschnitt zu den Simulationsergebnissen des Elektrodenkurzschlusses widmet sich dem Einfluss der zwischen den Elektroden angelegten Spannungsdifferenz. Die Potentialdifferenz ΔU wurde wie schon bei den experimentellen Untersuchungen in entdimensionierter Form im Bereich zwischen $-1/3$ und 2 variiert. Für diese Variation zeigt Abb. 8.1 den Zusammenhang zwischen der normierten Auslösezeit t_A und der Elektrodenspannung

ΔU. Für die Normierung werden die einzelnen Auslösezeiten auf den Referenzwert für $\Delta U = 1$ bezogen. Die Abbildung zeigt den aus fünf Einzelsimulationen bestimmten Mittelwert für die Auslösezeit zusammen mit der jeweiligen Standardabweichung. Es zeigt sich, dass die Auslösezeit mit zunehmender Potentialdifferenz stark abnimmt. Dies bedeutet, dass sich innerhalb kürzerer Zeit mehr Partikel auf der Sensoroberfläche bzw. der Partikelstruktur anlagern und einen Brückenschluss zwischen den Elektroden schneller herstellen. Dies resultiert u. a. auch daher, dass wie in Kap. 7.3 gezeigt die Reichweite der Sensorelektroden mit zunehmender Spannung stark ansteigt.

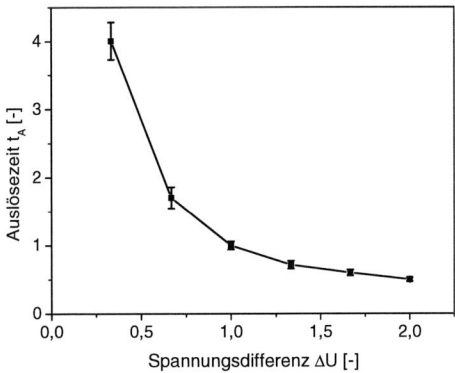

Abbildung 8.1: Mittelwert der normierten Auslösezeit t_A des Partikelsensors aus 5 Einzelsimulationen in Abhängigkeit von der Elektrodenspannung ΔU inklusive der jeweiligen Standardabweichung.

Die Analyse der Standardabweichung zur mittleren Auslösezeit zeigt, dass es lediglich bei niedrigen Spannungen von $\Delta U = 1/3$ und $\Delta U = 2/3$ zu nennenswerten Schwankungen um den Mittelwert kommt. Die Schwankungen bei niedrigen Elektrodenspannungen sind darauf zurückzuführen, dass hier der Einfluss der zufällig gerichteten Brownschen Bewegung gegenüber der in Richtung der mittleren Sensorelektrode attraktiv wirkenden Coulomb-Kraft verhältnismäßig hoch ist. Dieser Einfluss und somit die Streuung um den Mittelwert nimmt mit zunehmender Spannungsdifferenz stark ab.

Abb. 8.2 zeigt einen Vergleich zwischen den Auslösezeiten. Die Gegenüberstellung der Ergebnisse zeigt eine gute Übereinstimmung der Dynamikbeziehungen zwischen Simulation und Experiment. Die im Experiment beobachteten Tendenzen können durch das Simulationsmodell gut wiedergegeben werden. Es zeigt sich jedoch, dass in der Berechnung die Auslösezeiten für kleine Spannungsdifferenzen etwas überschätzt und für große Spannungen dagegen leicht unterschätzt werden. Die Qualität bezüglich der Übereinstimmung der Ergebnisse kann insgesamt als gut betrachtet werden, und somit ist es zulässig, im Folgenden den Einfluss anderer Randbedingungen auf das Sensorsignal simulativ zu bewerten.

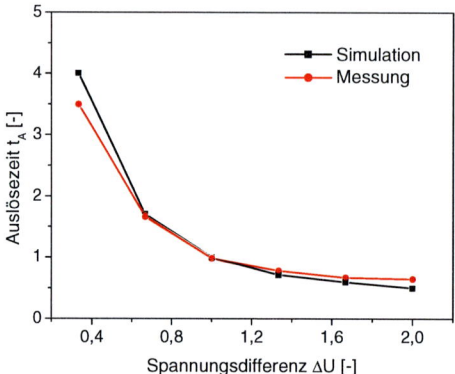

Abbildung 8.2: Vergleich der mittleren normierten Auslösezeit t_A des Partikelsensors zwischen Simulation und Messung in Abhängigkeit von der Elektrodenspannung ΔU.

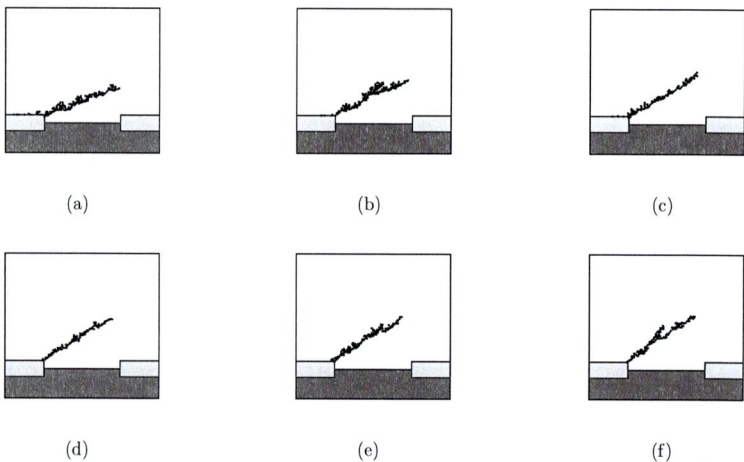

Abbildung 8.3: Form der dendritischen Strukturen bei unterschiedlichen Elektrodenspannungen (a) $\Delta U = 1/3$; (b) $\Delta U = 2/3$; (c) $\Delta U = 1$; (d) $\Delta U = 4/3$; (e) $\Delta U = 5/3$; (f) $\Delta U = 2$.

Neben dem bislang diskutierten Einfluss der Elektrodenspannung auf die Auslösezeit, wird nun der Einfluss auf die Form der Partikelstruktur analysiert. In Abb. 8.3 sind die Strukturen zum Zeitpunkt unmittelbar vor der Dendritverformung bei den untersuchten Elektrodenspannungen zusammengefasst. Hierbei zeigt sich, dass sich in allen Fällen dünne lang gestreckte wenig verästelte Strukturen ausbilden. Diese beginnen jeweils an der stromabwärts gelegenen Kante der mittleren Elektrode zu wachsen. Es zeigt sich allerdings, dass der Winkel zwischen Senoroberfläche und Partikelstruktur bei geringen Elektrodenspannungen kleiner ist als bei höheren Spannungen. Dies ist auf die stärkeren elektrischen Feldkräfte und damit den höheren Coulomb-Kräften auf die geladenen Rußpartikel bei hohem ΔU zurückzuführen. Aufgrund der daraus resultierenden unterschiedlich hohen Anziehungskräfte unterscheidet sich die Bewegungsbahn, auf der sich die Partikel der Oberfläche bzw. der bereits existierenden Partikelstruktur annähern. Die höhere Dynamik der Sensorauslösung bei höheren Elektrodenspannungen wird durch den zunehmend größeren Winkel zwischen Struktur und Sensoroberfläche zusätzlich unterstützt. Die Spitze der Anlagerungsstruktur befindet sich dadurch in Bereichen des Stömungsfelds, in denen aufgrund der höheren Strömungsgeschwindigkeiten auch ein größerer Partikelmassenstrom vorliegt. Somit steigt hier die Anlagerungsrate auf der Dendritstruktur.

8.5 Einfluss der Anströmgeschwindigkeit

In diesem Abschnitt wird der simulativ ermittelte Zusammenhang zwischen der Auslösezeit t_A und der Anström- bzw. der Überströmgeschwindigkeit v_x der Sensoroberfläche diskutiert. Abb. 8.4 zeigt die Beziehung zwischen diesen beiden Größen. Die beiden dargestellten Verläufe gelten zum einen für einen konstanten Partikelmassenstrom ($c_p \propto 1/v_x$) und zum anderen für eine konstante Partikelkonzentration. Es zeigt sich, dass bei konstanter

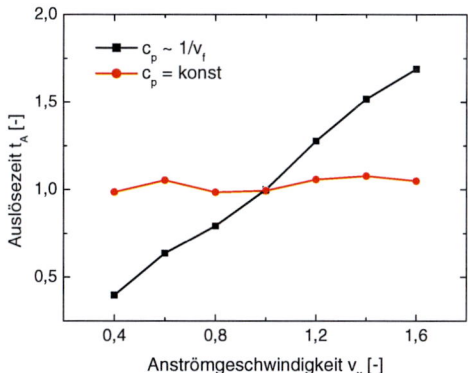

Abbildung 8.4: Mittlere normierte Auslösezeit t_A des Partikelsensors in Abhängigkeit von der zur Sensoroberfläche parallelen Anströmgeschwindigkeit v_x für einen konstanten Partikelmassenstrom und einer konstanten Partikelkonzentration.

Partikelkonzentration innerhalb des untersuchten Geschwindigkeitsbereichs die Auslösezeit nahezu unabhängig vom Volumenstrom ist. Mit steigendem Volumenstrom nimmt der Geschwindigkeitsgradient dv_x/dy zu, und somit wird eine größere Anzahl an Rußpartikeln näher an die Oberfläche transportiert. Gleichzeitig führt eine Erhöhung des Volumenstroms auch zu einem für hohe Abscheideraten ungünstigeren Verhältnis von konvektiven Kräften parallel zur Oberfläche und den Coulombsche Kräften hin zu den Elektroden. Wie die Abb. 8.4 zeigt, kompensieren sich im Fall der idealen Überströmung der Sensoroberfläche diese beiden konkurrierenden Effekte.

Die im Experiment ermittelten Zusammenhänge aus Kap. 2 zwischen Auslösezeit und Re-Zahl können durch die Simulation nicht bestätigt werden. Eine mögliche Ursache hierfür ist, dass sich im Experiment an der Anströmkante des Sensorelements die Strömung in Abhängigkeit von der Re-Zahl unterschiedlich stark ablöst und dadurch im Elektrodennahbereich nicht das in der Simulation angenommene lineare Geschwindigkeitsprofil einstellt. Da dieser Effekt nur bei der Variation der Strömungsgeschwindigkeit auftritt, bleibt die Diskussion des Einflusses anderer Parameter hiervon unberührt.

In Abb. 8.5 sind die Anlagerungsstrukturen kurz vor dem Elektrodenkurzschluss für eine niedrige ($v_x = 0{,}6$) und eine hohe ($v_x = 1{,}4$) Anströmgeschwindigkeit dargestellt. Dabei unterscheiden sich die beiden Dendritstrukturen nur geringfügig. Leichte Differenzen zeigen sich im Anstellwinkel der Struktur zur Oberfläche. Dieser ist bei niedrigen Geschwindigkeiten etwas größer als bei den höheren Geschwindigkeiten.

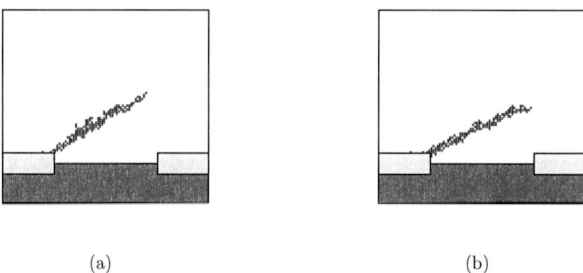

(a)   (b)

Abbildung 8.5: Form der dendritischen Strukturen bei unterschiedlichen Anströmgeschwindigkeiten (a) $v_x = 0{,}6$; (b) $v_x = 1{,}4$.

8.6 Einfluss des Partikeldurchmessers

In den simulativen Betrachtungen werden jeweils monodisperse Systeme analysiert. Im realen Pkw-Abgas oder in der partikelbeladenen Strömung des CAST-Rußgenerators liegen allerdings polydisperse Systeme mit breit variierenden Partikeldurchmessern vor. Dieser Abschnitt beschäftigt sich deswegen mit dem Zusammenhang zwischen Auslösezeit t_A und Partikeldurchmesser d_p. Diese Abhängigkeit ist in Abb. 8.6 dargestellt. Man erkennt, dass

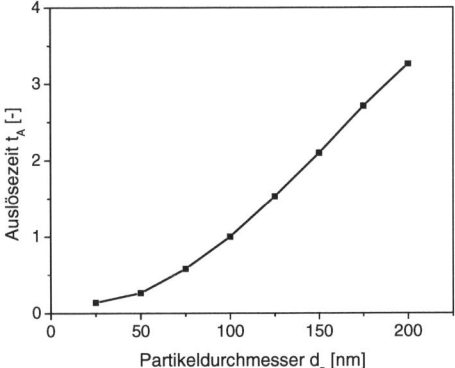

Abbildung 8.6: Mittlere normierte Auslösezeit t_A des Partikelsensors in Abhängigkeit vom Partikeldurchmesser d_p.

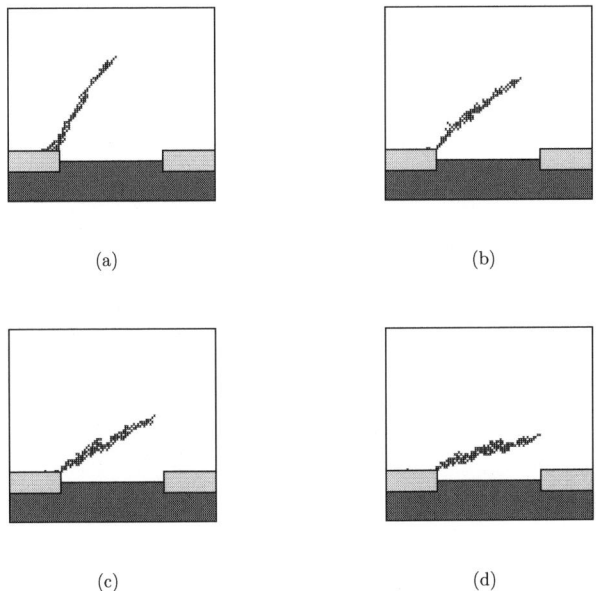

Abbildung 8.7: Form der dendritischen Strukturen bei unterschiedlichen Partikeldurchmessern (a) $d_p = 25$ nm; (b) $d_p = 50$ nm; (c) $d_p = 100$ nm; (d) $d_p = 200$ nm.

mit zunehmendem Partikeldurchmesser die Auslösezeit stark zunimmt. Dies ist darauf zurückzuführen, dass die Partikelmasse m_p proportional zu d_p^3 ansteigt. Dadurch ist bei gleicher elektrischer Feldstärke die Beschleunigung der großen trägeren Partikel geringer und somit die Anlagerungsrate, die sich schließlich in der Auslösezeit des Sensors bemerkbar macht, deutlich geringer. Die Abb. 8.7 zeigt Anlagerungsstrukturen für vier unterschiedliche Partikeldurchmesser unmittelbar vor dem Elektrodenkurzschluss. Man erkennt, dass sich in Abhängigkeit vom Partikeldurchmesser deutlich unterschiedliche Strukturformen ausbilden. Bei sehr kleinen Durchmessern wachsen die Strukturen sehr steil nach oben, bei großen Durchmessern eher flach zur gegenüberliegenden Elektrode stromabwärts. Wie bereits im Abschnitt zum Einfluss der Elektrodenspannung auf die Auslösezeit diskutiert, führt das stärkere „Hineinwachsen" der Strukturen in das Strömungsfeld zu einer zusätzlichen Beschleunigung der Partikelanlagerungsrate bei kleinen Partikeldurchmessern.

8.7 Einfluss des Elektrodenabstands

Nachdem in den vorangegangenen Abschnitten der Einfluss verschiedener Rand- bzw. Betriebsbedingungen auf die Auslösezeit untersucht wurde, beschäftigt sich dieser Abschnitt mit einer geometrischen Variation der Elektrodengeometrie. Dazu wurde der Elektrodenabstand zwischen zwei benachbarten Elektroden im Bereich $0{,}6 \leq b_{gap} \leq 1{,}6$ variiert. Die Abhängigkeit der Auslösezeit vom Elektrodenabstand ist in Abb. 8.8 zusammengefasst. Dabei zeigt sich, dass die Auslösezeit bei geringem Elektrodenabstand kleiner ist als bei

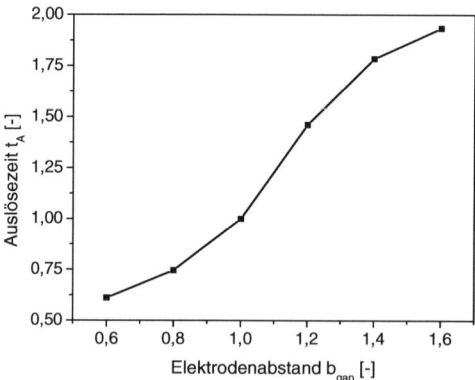

Abbildung 8.8: Mittlere normierte Auslösezeit t_A des Partikelsensors in Abhängigkeit vom Abstand zwischen zwei benachbarten Elektroden b_{gap}.

großen Abständen. Hierfür sind im Wesentlichen zwei Effekte zu nennen:

1. Die elektrische Feldstärke steigt mit sinkendem Elektrodenabstand (vgl. Kap. 7.8) an und somit werden auch die auf die Partikel wirkenden elektrischen Feldkräfte größer.

2. Mit kleiner werdendem Elektrodenabstand verkürzt sich die Distanz, die durch die Partikelstruktur beim Elektrodenkurzschluss überbrückt werden muss. Für die Bildung des Kurzschlusses ist somit eine geringere Anzahl deponierter Partikel in der Dendritstruktur erforderlich.

Um zumindest den zweitgenannten Effekt in der Dynamikdarstellung zu kompensieren, wird in Abb. 8.9 die Auslösezeit auf den Elektrodenabstand bezogen. Dadurch zeigt die

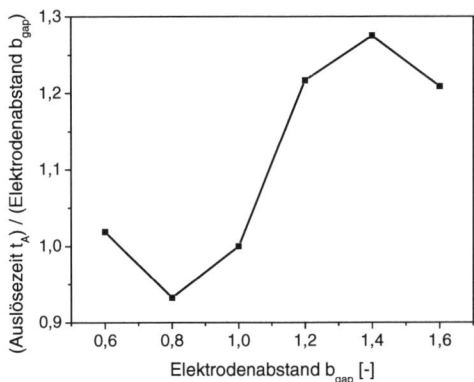

Abbildung 8.9: Mittlere auf den Elektrodenabstand normierte Auslösezeit t_A des Partikelsensors in Abhängigkeit vom Abstand zwischen zwei benachbarten Elektroden b_{gap}.

Darstellung die isolierte Abhängigkeit der Anlagerungsdynamik vom Abstand der Elektroden. Dabei stellt sich heraus, dass bei $b_{gap} \approx 0{,}8$ die normierte Auslösezeit minimal und bei $b_{gap} \approx 1{,}4$ maximal wird. In Ergänzung an den Kurvenverlauf der Dynamik sind in der Abb. 8.10 die Strukturen bei drei unterschiedlichen Elektrodenabständen kurz vor dem Elektrodenkurzschluss dargestellt. Hierbei zeigt sich, dass bei kurzem Elektrodenabstand die Strukturen etwas steiler in das Strömungsfeld hereinragen.

8.8 Einfluss der Elektrodenanzahl

Abschließend wird die Partikelanlagerung auf einer Sensoroberfläche mit mehr als drei parallelen Elektroden vorgestellt. Hierzu wurde ein System aus neun Elektroden bei einem Elektrodenabstand $b_{gap} = 0{,}8$ und einer Elektrodenbreite $b_{el} = 0{,}8$ untersucht. In der Abb. 8.11 ist der Sensor zu drei unterschiedlichen Zeitpunkten während des Beladungsvorgangs dargestellt. Da nur das Anlagerungsverhalten der negativ geladenen Partikel untersucht wurde, findet die Anlagerung nur auf den positiven Elektroden statt. In diesem Beispiel sind das die zweite, vierte, sechste und achte Elektrode des von links überströmten Sensors. Bei der Betrachtung des obersten Bild zu einem frühen Zeitpunkt des Beladungszyklus wird deutlich, dass hauptsächlich an der vordersten positiven Elektrode für eine

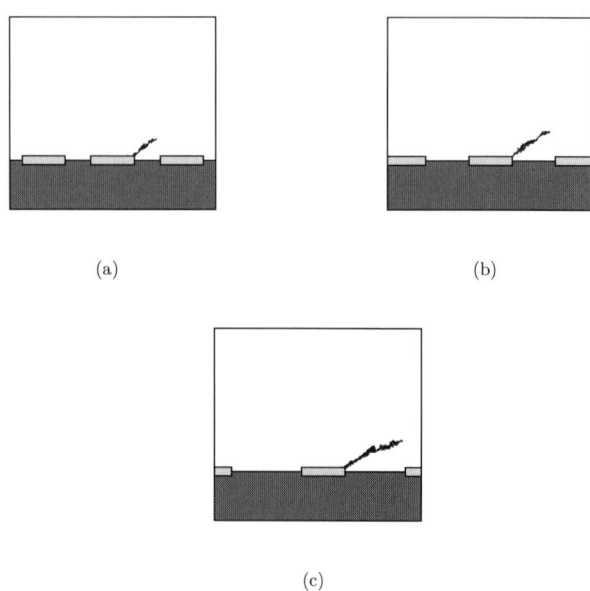

(a)   (b)

(c)

Abbildung 8.10: Form der dendritischen Strukturen bei unterschiedlichen Elektrodenabständen b_{el} und einer konstanten Elektrodenbreite $b_{el} = 1,0$ (a) $b_{gap} = 0,6$; (b) $b_{gap} = 1,0$; (c) $b_{gap} = 1,4$.

Strukturbildung ausreichend viele Partikel deponieren. An den weiter stromabwärts gelegenen positiven Elektroden sind zu diesem Zeitpunkt nur vereinzelt kleine „Dendritkeime" zu erkennen. Im Laufe der Zeit wächst vor allem die Dendritstruktur an der ersten Elektrode weiter an. An der zweiten positiven Elektrode ist ebenfalls noch eine Partikelstruktur mittlerer Länge zu beobachten, wohingegen an den beiden hinteren Elektroden weiterhin nahezu kein Strukturwachstum erfolgt. Diese Fokussierung der Partikelanlagerung auf den vorderen Sensorbereich kann dadurch erklärt werden, dass die vordersten Elektroden nahezu alle Partikel aus dem sensorrelevanten Einflussbereich der Strömung anziehen. Im Nachlauf dieser Elektroden verarmt dadurch die Strömung innerhalb des Reichweitenbereichs an negativ geladenen Partikel. Neue Partikel werden fast ausschließlich durch Diffusion in diesen Bereich transportiert. Da dieser Transportmechanismus im Vergleich zur parallelen Strömungsgeschwindigkeit sehr langsam ist, bringt die Partikelanreicherung des oberflächennahen Bereichs durch Diffusion nur einen äußerst geringen Beitrag.

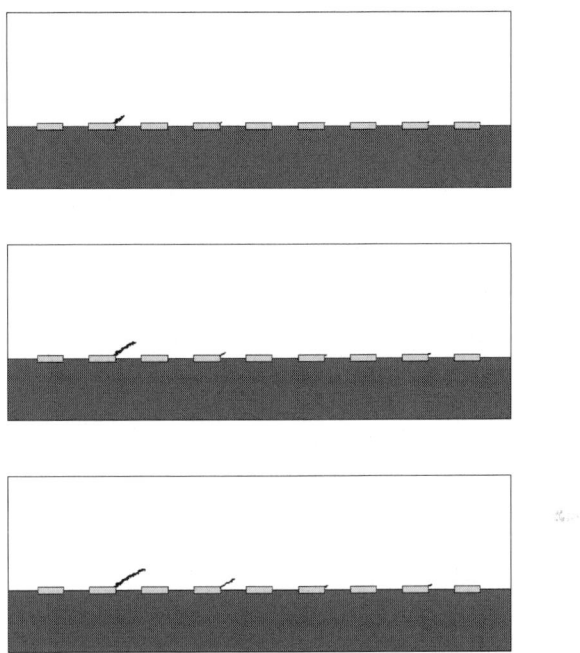

Abbildung 8.11: Zeitliche Entwicklung der Strukturbildung auf einem Elektrodensystem mit neun parallelen Elektroden bei einem Elektrodenabstand $b_{gap} = 0{,}8$ und einer Elektrodenbreite $b_{el} = 0{,}8$.

9 Zusammenfassung

In der vorliegenden Arbeit wurde das dynamische Verhalten eines Partikelsensors, der auf einem resistiven Messprinzip beruht, experimentell und numerisch untersucht. Ein möglicher, zukünftiger Einsatzbereich dieses Sensors ist z. B. die Messung von Rußpartikelkonzentrationen im Abgasstrang von Diesel-Fahrzeugen zur kontinuierlichen Überwachung der Funktion des Diesel-Partikelfilters im Rahmen der gesetzlich geforderten On-Board-Diagnose. Qualitative und quantitative Erkenntnisse über die Wirkzusammenhänge zwischen Sensordesign, Betriebsbedingungen und Anlagerungsdynamik auf der Sensoroberfläche erlauben die Optimierung von Sensoren für den Einsatz zur Partikeldetektion in Abgasanlagen.

Für die experimentelle Untersuchung der Sensordynamik wurde ein Prüfstand aufgebaut, mit dem unter idealisierten Bedingungen das Sensorelement von einer laminaren, rußbeladenen Gasströmung überströmt wurde. Als Partikelquelle wurde ein CAST-Rußgenerator der Fa. Matter Engineering eingesetzt. Dabei konnte gezeigt werden, dass baugleiche Sensoren einer Charge ein sehr gut reproduzierbares Sensorsignal aufweisen. Weiterhin wurde für verschiedene Betriebsbedingungen die Signaldynamik analysiert. Die wesentlichen Erkenntnisse dabei waren, dass sowohl mit steigender Messspannung zwischen den Elektroden als auch mit steigendem Gasvolumenstrom bzw. mit steigender Re-Zahl die Auslösezeit des Sensors deutlich zurückgeht. Mittels Lichtmikroskopie und REM-Aufnahmen konnten die Rußpfade zwischen den Sensorelektroden zu unterschiedlichen Beladungszeitpunkten und Betriebsbedingungen visualisiert und mit dem Einfluss der Messspannung in Zusammenhang gebracht werden.

Zur Berechnung der Gasphasenströmung wurde ein zweidimensionaler Simulationsansatz, der auf der Lattice-Boltzmann-Methode basiert, vorgestellt. Dieser Ansatz wurde zur Strömungsberechnung auf nicht-äquidistante, adaptive Rechengitter angepasst. An einem Simulationsbeispiel (Backward Facing Step) wurde die Strömungslösung des entwickelten Lattice-Boltzmann-Codes mit dem kommerziellen CFD-Code Fluent 6.2.16 verglichen, und es zeigte sich für unterschiedliche Re-Zahlen eine sehr gute Übereinstimmung.

Das elektrische Feld, das sich durch Anlegen einer Messspannung an den Sensorelektroden einstellt, wurde mittels eines Finite-Differenzen-Verfahrens gelöst. Der numerischen Lösung lag das nicht-uniforme Rechengitter der Strömungsberechnung zugrunde.

Zur Berechnung des Partikeltransports in der Gasströmung und zur Sensoroberfläche wurde ein Lagrange-Ansatz implementiert. Dabei konnte gezeigt werden, dass für die in dieser Arbeit betrachteten Effekte innerhalb der Bewegungsgleichung die Coulombsche Kraft und die Diffusion berücksichtigt werden müssen. An einem Testfall wurde die Partikeldispersion untersucht, und der Vergleich zwischen dem Partikeldiffusionskoeffizienten aus der Simulation und aus einem semi-empirischen Ansatz nach Stokes und Einstein zeigte eine sehr gute Übereinstimmung.

Zur Beschreibung der Partikelanlagerung auf der Sensoroberfläche wurden zwei unterschiedliche Modellansätze vorgestellt. Das Modell zur Berechnung der initialen Rußabscheidung betrachtet eine unbeladene Sensoroberfläche. Angelagerte Partikel werden aus dem Rechengebiet entfernt und haben keine Rückwirkung auf das Strömungsfeld, das elektrische Feld und den weiteren Partikeltransport. Mit diesem Ansatz wurden Abscheideeffizienzen und Sensorreichweiten für unterschiedliche Sensorgeometrien und Betriebsbedingungen bestimmt. Dabei konnte erstmalig ein funktionaler Zusammenhang zwischen der Sensorreichweite, der Elektrodenspannung, der Elektrodenbreite, des Elektrodenabstands, des Partikeldurchmessers und der Anströmgeschwindigkeit ermittelt werden. Dieser Zusammenhang kann zukünftig bei der Sensorauslegung verwendet werden, um ohne großen Simulations- bzw. Messaufwand den relevanten Design- und Betriebsbereich des Partikelsensors frühzeitig einzugrenzen und damit den Produktentwicklungsprozess zu beschleunigen.

Der zweite Modellierungsansatz beschreibt den Wachstumsprozess von Partikelstrukturen auf der Oberfläche. Es konnte gezeigt werden, dass die aufwachsenden Strukturen eine erhebliche Rückwirkung auf das elektrische Feld und das Strömungsfeld haben. Nur mit einem vollgekoppelten Simulationsschema, das diese Rückwirkung betrachtet, konnten zum Experiment vergleichbare Dendritstrukturen zwischen benachbarten Sensorelektroden berechnet werden. Dieser Ansatz wurde mit einem Modell zur Dendritverformung erweitert, wodurch ein Kurzschluss benachbarter Elektroden über einen durchgängigen Partikelpfad berechnet werden konnte. Die Simulation des Elektrodenkurzschlusses bzw. der Sensorauslösezeit zeigte für unterschiedliche Elektrodenspannungen eine gute Übereinstimmung zum Experiment. Darüberhinausgehend wurde das Modell verwendet, um weitere Zusammenhänge zwischen der Auslösezeit des Sensors und den Betriebsbedingungen zu quantifizieren.

Mit diesem gekoppelten Simulationsansatz steht jetzt eine Methode zur detaillierten Betrachtung der Transport- und Anlagerungsvorgänge am Partikelsensor zur Verfügung. Hiermit können im fortgeschrittenen Auslegungsstadium Betriebsstrategien des Sensors und Auswertemethoden des Sensorsignals ermittelt, bewertet und optimiert werden.

10 Summary

In the present thesis the dynamic behaviour of a sensor for particulate matter was analyzed experimentally and numerically. The sensor is based on a resistive principle of measurement. A prospective field of application for this sensor is e.g. the measurement of the concentration of soot particles in an exhaust gas system of Diesel cars. In the future the continuous monitoring of the operation of Diesel particulate filters will be regulated by law in the framework of on-board diagnostics. The knowledge of the relation between geometrical sensor design, operational conditions and deposition dynamics on the sensor surface allows for example the optimization of sensor devices for the use of particle detection in an exhaust gas.

For experimental investigations a test-bench was constructed. Inside the measuring device the sensing element was tested under idealized conditions. The laminar flow of the soot aerosol was produced by a CAST soot generator from Matter Engineering. The reproducibility of the time-dependent sensor signal and the response time of structurally identical sensors of one batch was very well. Furthermore the dynamics of the sensor were analyzed under different operating conditions. It was shown that the sensor response time decreases significantly with increasing applied electrode voltage and increasing volume flow. By means of optical microscope and scanning electron microscope (SEM) the soot paths between the sensor electrodes were visualized for different states of loading and operating conditions.

In the numerical part of this thesis, a simulation tool for the coupled modelling of gas flow, electrical field, particle transport and deposition was developed. With this approach all sensor-relevant effects and their interaction can be described.

First, a two-dimensional simulation approach for the gas flow, which is based on the Lattice-Boltzmann method, was presented. This approach was extended for flow calculations on non-equidistant adaptive numerical grids. In order to validate the implemented flow solver a backward facing step was chosen as test case. The results of the Lattice-Boltzmann method were compared with the commercial CFD code Fluent 6.2.16. A very good agreement for the flow solution between both codes for different Re-numbers was shown.

The electrical field, which appears due to the applied voltage at the sensor electrodes, was numerically solved by a finite-difference scheme.

The calculation of the particle transport in the gas flow parallel to and directed towards the sensor surface was performed by a Lagrangian approach. It was demonstrated analytically that the Coulombian forces and diffusional effects dominate the particle transport in the considered working regime. For the purpose of validation the particle dispersion in a laminar plain channel flow was studied. The evaluation of the particle diffusion coefficient by mean square displacement shows very good agreement with a semi-empirical approach by Stokes and Einstein.

For the numerical description of the particle deposition on the sensor surface two different models were presented. The first model considers the initial deposition behaviour of soot particles on the unladen sensor. Accumulated particles are removed and their further retroaction on the fluid flow, the electrical field and the subsequent particle transport is neglected. For different sensor designs and operating conditions deposition efficiencies and accumulation ranges of the sensor were identified. For the first time a mathematical correlation between accumulation range, applied voltage, flow velocity, particle size, electrode width and the gap between two electrodes was determined. In future this correlation can be employed to reduce numerical and experimental effort in the beginning stage of the process of product development of the sensor.

The second deposition model describes the growing process of dendritical particle structures on the sensor surface. It was shown, that the retroaction of accumulated structures on the fluid flow and the electrical field in the immediate vicinity of the surface is significantly high. Only by means of a fully coupled simulation approach, which considers this retroaction, the growth of particle structures from one electrode to the downstream neighbour electrode, can be predicted. To model the short circuit between two electrodes by a particle path the approach was extended taking into account the deformation of the deposited structures. The simulation of the sensor response time for different sensor voltages showed a good agreement with the experimental results. Furthermore correlations between response time and different sensor conditions were determined.

Now, this fully coupled simulation approach provides a method for detailed consideration of particle transport and deposition on the particulate sensor. Operation strategies of the sensor and analysis routines for the sensor signal can be determined, evaluated and optimized in the advanced stage of design.

Literaturverzeichnis

[1] BECHMANN, O.: *Untersuchungen zur Ablagerung von Rußpartikeln aus dem Abgas von Dieselmotoren.* Doktorarbeit, Universität Hannover, 2000.

[2] BHATNAGAR, P., E. GROSS und M. KROOK: *A model of collision processes in gases.* Physical Review Letters, 94:511–525, 1954.

[3] BINDER, C., C. FEICHTINGER, H.-J. SCHMID, N. THÜREY, W. PEUKERT und U. RÜDE: *Simulation of the hydrodynamic drag of aggregated particles.* Journal of Colloid and Interface Science, 301:155–167, 2006.

[4] BOCKHORN, H.: *Soot formation in combustion.* Springer-Verlag, 1994.

[5] BOUZIDI, M., M. FIRDAOUSS und P. LALLEMAND: *Momentum transfer of a Boltzmann-lattice fluid with boundaries.* Physics of Fluids, 13:3452–3459, 2001.

[6] BRENNER, G.: *Numerische Simulation komplexer fluider Transportvorgänge in der Verfahrenstechnik.* Habilitationsschrift, 2002.

[7] BÖTTNER, C.-U.: *Über den Einfluss der elektrostatischen Feldkraft auf turbulente Zweiphasenströmungen.* Doktorarbeit, Martin-Luther-Universität Halle-Wittenberg, 2002.

[8] BURTSCHER, H.: *Physical characterization of particulate emissions from diesel engines: a review.* Journal of Aerosol Science, 36(7):896–932, 2005.

[9] CAIAZZO, A.: *Analysis of lattice Boltzmann initialization routines.* Journal of Statistical Physics, 121(1):37–48, 2005.

[10] CHAPMAN, S., T.G. COWLING und D. BURNETT: *The mathematical theory of nonuniform gases: an account of the kinetic theory of viscosity, thermal conduction, and diffusion in gases.* Cambridge University Press, 1990.

[11] CROUSE, B.: *Lattice-Boltzmann Strömungssimulation auf Baumdatenstrukturen.* Doktorarbeit, Technische Universität München, 2003.

[12] CROWE, C., M. SOMMERFELD und Y. TSUJI: *Multiphase flows with droplets and particles.* CRC Press, 1998.

[13] DIETZEL, M., M. SOMMERFELD, G. TEIKE und H. SCHOMBURG: *Determination of aerodynamic coefficients of agglomerates.* In: *6th International Conference on Multiphase Flow,* Leipzig, 2007.

[14] DORFMÜLLER, L., R. SCHMIDT, M. SIEBERT, S. RÖSCH, H. MARX, H. SCHITTEN-HELM und G. TEIKE: *Resistive particle sensors having measuring electrodes.* USPTO Application #: 20080024111, 2006.

[15] EUROPÄISCHE KOMMISSION: *Richtlinie 2002/80/EG der Kommission vom 3. Oktober 2002 zur Anpassung der Richtlinie 70/220/EWG des Rates über Maßnahmen gegen die Verunreinigung der Luft durch Emissionen von Kraftfahrzeugen an den technischen Fortschritt.* In: *EU-Richtlinie*, 2002.

[16] FILIPPOVA, O. und D. HÄNEL: *Lattice-Boltzmann simulation of gas-particle flow in filters.* Computers & Fluids, 26:697–712, 1997.

[17] FILIPPOVA, O. und D. HÄNEL: *Grid refinement for Lattice-BGK models.* Journal of Computational Physics, 147:219–228, 1998.

[18] FLUENT INC: *Fluent 6.2.* User's guide, 2005.

[19] FRIEDLANDER, S. K.: *Smoke, dust, and haze: fundamentals of aerosol dynamics.* Oxford University Press, 2000.

[20] FUCHS, N.A.: *On the stationary charge distribution on aerosol particles in a bipolar ionic atmosphere.* Pure and Applied Geophysics, 56(1):185–193, 1963.

[21] HAGELÜKEN, C.: *Autoabgaskatalysatoren.* expert-Verlag, 2001.

[22] HAPPEL, J.: *Viscous flow relative to arrays of cylinders.* AIChE Journal, 5(2), 1959.

[23] HEINRICH, U., A. BOEHNCKE und I. MANGELSDORF: *Influence of number and size of particles on the health risk from diesel and otto engine exhaust.* In: *Fuels*, 1999.

[24] HINDS, W.C.: *Aerosol technology.* Wiley New York, 1999.

[25] HIRSCH, C.: *Numerical Computation of Internal and External Flows.* John Wiley & Sons, 1988.

[26] HÄNEL, D.: *Molekulare Gasdynamik.* Springer-Verlag, 2004.

[27] IPCC: *Climate Change 2001: The scientific basis.* Cambridge University Press, 2001.

[28] ISRAELACHVILI, J.: *Intermolecular and surface forces.* Academic Press, London, 1992.

[29] JING, L.: *Neuer Rußgenerator für Verbrennungsrußteilchen zur Kalibrierung von Partikelmessgeräten.* OFMET Info, 2000.

[30] JONES, T.B.: *Electromechanics of particles.* Cambridge University Press, 1995.

[31] JUNG, H. und D. B. KITTELSON: *Measurement of Electrical Charge on Diesel Particles.* Aerosol Science and Technology, 39:1129–1135, 2005.

[32] KARADIMOS, A. und R. OCONE: *The effect of the flow field recalculation on fibrous filter loading: a numerical simulation.* Powder Technology, 137:109–119, 2003.

[33] KARASEV, V.V., N.A. IVANOVA, A.R. SADYKOVA, N. KUKHAREVA, A.M. BAKLA-NOV, A.A. ONISCHUK, F.D. KOVALEV und S.A. BERESNEV: *Formation of charged soot aggregates by combustion and pyrolysis: charge distribution and photophoresis.* Journal of Aerosol Science, 35(3):363–381, 2004.

[34] KEEFE, D., P.J. NOLAN und T.A. RICH: *Charge equilibrium in aerosols according to the Boltzmann law.* Hodges, Figgis, 1959.

[35] KITTELSON, D.B.: *Engines and nanoparticles: a review.* Journal of Aerosol Science, 29(5-6):575–588, 1998.

[36] KLETT, S.: *Analytische, numerische und experimentelle Untersuchungen zum Impuls- und Wärmetransport an Lambdasonden.* Doktorarbeit, Universität Stuttgart, 2005.

[37] KÜPFMÜLLER, K., W. MATHIS und A. REIBIGER: *Theoretische Elektrotechnik.* Springer Verlag, 2004.

[38] KRAFCZYK, M.: *Gitter-Boltzmann-Methoden: Von der Theorie zur Anwendung.* Habilitationsschrift, 2001.

[39] KRINKE, T.J.: *Nanopartikel aus der Gasphase: Depositionsmechanismen und strukturierte Anordnung auf glatten Substratoberflächen.* Doktorarbeit, Universität Duisburg, 2001.

[40] KUWABARA, S.: *The forces experienced by randomly distributed parallel circular cylinders or spheres in a viscous flow at small Reynolds numbers.* J. Phys. Soc. Japan, 14(4):527, 1959.

[41] LADD, A.J.C.: *Numerical simulations of particulate suspensions via a discretized Boltzmann equation. Part 1. Theoretical foundation.* Journal of Fluid Mechanics, 271:285–309, 2006.

[42] LALLEMAND, P. und L.-S. LUO: *Lattice Boltzmann method for moving boundaries.* Journal of Computational Physics, 184:406–421, 2003.

[43] LANTERMANN, U.: *Simulation der Transport- und Depositionsvorgänge von Nanopartikeln in der Gasphase mittels Partikel-Monte-Carlo- und Lattice-Boltzmann-Methoden.* Doktorarbeit, Universität Duisburg-Essen, 2006.

[44] LI, A. und G. AHMADI: *Dispersion and deposition of spherical particles from point sources in a turbulent channel flow.* Aerosol Science and Technology, 16:209–226, 1992.

[45] MATTER ENGINEERING AG: *CAST Combustion Aerosol Standard.* Operation Handbook, 2001.

[46] MEI, R.: *An approximate expression for the shear lift force on a spherical particle at finite Reynolds number.* International journal of multiphase flow, 18(1):145–147, 1992.

[47] MEI, R., L.S. LUO, P. LALLEMAND und D. D'HUMIÈRES: *Consistent initial conditions for lattice Boltzmann simulations.* Computers and Fluids, 35(8-9):855–862, 2006.

[48] MERKER, G.P. und G. STIESCH: *Technische Verbrennung, Motorische Verbrennung.* Teubner, 1999.

[49] NAUSS, K.: *Diesel exhaust: A critical analysis of emissions, exposure, and health effects.* DieselNet Technical Report (http://www.dieselnet.com), 1997.

[50] NEEFT, J. P. A., M. MAKKEE und J. A. MOULIJN: *Diesel particulate emission control.* Fuel Processing Technology, 47(1):1–69, 1996.

[51] OERTEL, H.: *Prandtl – Führer durch die Strömungslehre.* Vieweg, Braunschweig, Wiesbaden, 2001.

[52] OH, Y.-W., K.-J. JEON, A.-I. JUNG und Y.-W. JUNG: *A simulation study on the collection of submicron particles in a unipolar charged fiber.* Aerosol Science and Technology, 36:573–582, 2002.

[53] ONISCHUK, A.A., S. DI STASIO, V.V. KARASEV, A.M. BAKLANOV, G.A. MAK-HOV, A.L. VLASENKO, A.R. SADYKOVA, A.V. SHIPOVALOV und V.N. PANFILOV: *Evolution of structure and charge of soot aggregates during and after formation in a propane/air diffusion flame.* Journal of Aerosol Science, 34(4):383–403, 2003.

[54] PECK, R. S.: *Experimentelle Untersuchung und dynamische Simulation von Oxidationskatalysatoren und Diesel-Partikelfiltern.* Doktorarbeit, Universität Stuttgart, 2006.

[55] PETERS, A., H.E. WICHMANN, T. TUCH, J. HEINRICH und J. HEYDER: *Respiratory effects are associated with the number of ultrafine particles.* American Journal of Respiratory and Critical Care Medicine, 155(4):1376–1383, 1997.

[56] POHL, T., F. DESERNO, N. THUREY, U. RUDE, P. LAMMERS, G. WELLEIN und T. ZEISER: *Performance evaluation of parallel large-scale lattice Boltzmann applications on three supercomputing architectures.* In: *Proceedings of the 2004 ACM/IEEE conference on Supercomputing.* IEEE Computer Society Washington, DC, USA, 2004.

[57] PRZEKOP, R. und L. GRADON: *Deposition and Filtration of Nanoparticles in the Composites of Nano-and Microsized Fibers.* Aerosol Science and Technology, 42(6):483–493, 2008.

[58] PRZEKOP, R., K. GRZYBOWSKI und L. GRADON: *Energy-balanced oscillatory model for description of particles deposition and re-entrainment on fiber collector.* Aerosol Science and Technology, 38:330–337, 2004.

[59] PRZEKOP, R., A. MOSKAL und L. GRADON: *Lattice-Boltzmann approach for description of structure of deposited particulate matter in fibrous filters.* Journal of Aerosol Science, 34:133–147, 2003.

[60] QIAN, YH, D. D'HUMIERES und P. LALLEMAND: *Lattice BGK for the Navier-Stokes equations.* Europhys. Lett, 17:479–484, 1992.

[61] REEKS, M.W., J. REED und D. HALL: *On the resuspension of small particles by a turbulent flow.* Journal of Physics D: Applied Physics, 21:574–589, 1988.

[62] REIST, P.C.: *Aerosol science and technology.* McGraw-Hill New York, 1993.

[63] RUNG, T., L. XUE, J. YAN, M. SCHATZ und F. THIELE: *Numerische Methoden der Thermo- und Fluiddynamik.* Vorlesungsskript der Technischen Universität Berlin, 2002.

[64] SCHOMBURG, H., M. DIETZEL, B. MICHAELIS, M. SOMMERFELD und G. TEIKE: *Lattice Boltzmann model with dynamical grid refinement for multiphase flow around a single fibre.* In: *6th International Conference on Multiphase Flow*, Leipzig, 2007.

[65] SCHUMANN, A.: *Untersuchungen zur Leistungsfähigkeit der Ionenmobilitätsspektrometrie als Detektionsverfahren für flüchtige Thermolyseprodukte bei der Entstehung von Bränden.* Doktorarbeit, Universität Duisburg, 2001.

[66] SCHWABL, F.: *Statistische Mechanik.* Springer, 2006.

[67] SIEGMANN, K. und H. C. SIEGMANN: *Entstehung von Kohlenstoffpartikeln bei der Verbrennung organischer Treibstoffe.* In: *Haus der Technik, Feinstpartikelemissionen von Verbrennungsmotoren, München*, 1999.

[68] SKORDOS, P. A.: *Initial and boundary conditions for the lattice Boltzmann method.* Physical Review E, 48(6):4823–4842, 1993.

[69] SOMMERFELD, M.: *Modellierung und numerische Berechnung von partikelbeladenen turbulenten Strömungen mit Hilfe des Euler, Lagrange-Verfahrens.* Habilitationsschrift, 1996.

[70] SUCCI, S., O. FILIPPOVA, G. SMITH und E. KAXIRAS: *Applying the Lattice Boltzmann equation to multiscale fluid problems.* Computing in Science & Engineering, 3(6):26–37, 2001.

[71] TANOUE, K., Y. INOUE und H. MASUDA: *Numerical simulation of electrostatic particle deposition on a target in aerosol flow with and without effect of deposited charged particles.* Aerosol Science and Technology, 37(1):1–14, 2003.

[72] TÖLKE, J.: *Gitter-Boltzmann-Verfahren zur Simulation von Zweiphasenströmungen.* Doktorarbeit, Technische Universität München, 2001.

[73] TSI: *3936 scanning mobility particle sizer TM (SMPS TM) spectrometer.* Operation and service manual, 2005.

[74] UMWELTBUNDESAMT: *Future Diesel: Abgasgesetzgebung Pkw, leichte Nfz und Lkw-Fortschreibung der Grenzwerte bei Dieselfahrzeugen.* Umweltbundesamt Berlin, 2003.

[75] VDI-WÄRMEATLAS: *8. Auflage.* Springer, Berlin, 1997.

[76] WARNATZ, J., U. MAAS und R.W. DIBBLE: *Verbrennung.* Springer, 2001.

[77] WEDLER, G.: *Lehrbuch der physikalischen Chemie.* Wiley-VCH Weinheim, Germany, 1997.

[78] WIEDENSOHLER, A.: *An approximation of the bipolar charge distribution for particles in the submicron size range.* Journal of Aerosol Science, 19:387–389, 1988.

[79] WIEDENSOHLER, A., E. LÜTKEMEIER, M. FELDPAUSCH und C. HELSPER: *Investigation of the bipolar charge distribution at various gas conditions.* Journal of Aerosol Science, 17(3):413–416, 1986.

[80] WOLF-GLADROW, D. A.: *Lattice Gas Cellular Automata and Lattice Boltzmann Models.* Springer, Berlin, 2000.

[81] YE, Q., T. STEIGLEDER, A. SCHEIBE und J. DOMNICK: *Numerical simulation of the electrostatic powder coating process with a corona spray gun.* Journal of Electrostatics, 54(2):189–205, 2002.

[82] ZISKIND, G., M. FICHMAN und C. GUTFINGER: *Particle behavior on surfaces subjected to external excitations.* Journal of Aerosol Science, 31(6):703–719, 2000.

Lebenslauf

Persönliche Daten

Name:	Gerd Teike
Akademischer Grad:	Diplom-Ingenieur
Geburtsdatum:	20. August 1976
Geburtsort:	Stuttgart
Staatsangehörigkeit:	deutsch
Wohnsitz:	Richard-Wagner-Straße 6
	71701 Schwieberdingen

Ausbildung

Schulbildung:	1983 bis 1987	Grundschule Schwieberdingen
	1987 bis 1996	Hans-Grüninger-Gymnasium
		Markgröningen
Studium:	10.1997 bis 11.2003	Studium der Verfahrenstechnik
		an der Universität Stuttgart

Zivildienst

	10.1996 bis 09.1997	Arbeiterwohlfahrt Stuttgart

Berufstätigkeit

	12.2003 bis 12.2006	Promotion bei der
		Robert Bosch GmbH, Gerlingen
	seit 01.2007	Ingenieur in der
		zentralen Forschung bei der
		Robert Bosch GmbH, Gerlingen